版

College Physics Experiment Course

大学物理实验教程

主　编　陈秋立　宿淑晶　杨婉姣

副主编　王婉茹　佟跃辉

孙　佳　蔡　雨

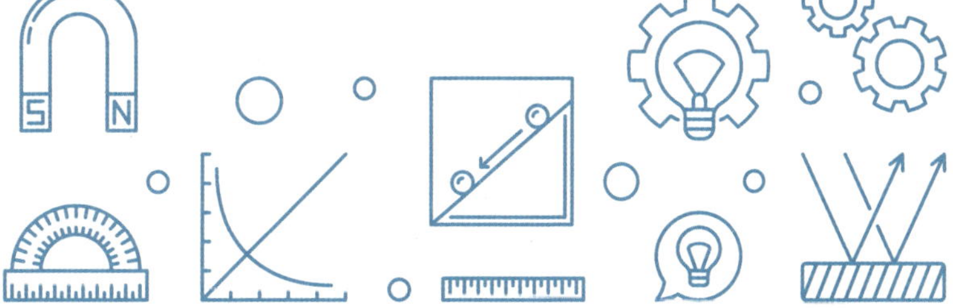

大连理工大学出版社

图书在版编目(CIP)数据

大学物理实验教程 / 陈秋立，宿淑晶，杨婉姣主编.
大连 ：大连理工大学出版社，2025. 2(2025.2 重印). -- ISBN 978-7
-5685-5512-8

Ⅰ. O4-33

中国国家版本馆 CIP 数据核字第 20251LT491 号

大学物理实验教程

DAXUE WULI SHIYAN JIAOCHENG

大连理工大学出版社出版

地址：大连市软件园路 80 号　邮政编码：116023

营销中心：0411-84707410　84708842　邮购及零售：0411-84706041

E-mail：dutp@dutp. cn　URL：https：//www. dutp. cn

大连天骄彩色印刷有限公司印刷　　大连理工大学出版社发行

幅面尺寸：185mm×260mm　印张：9. 25　字数：214 千字

2025 年 2 月第 1 版　　2025 年 2 月第 2 次印刷

责任编辑：王晓历　　责任校对：孙兴乐

封面设计：张　莹

ISBN 978-7-5685-5512-8　　定　价：35. 80 元

本书如有印装质量问题，请与我社营销中心联系更换。

前言

物理学作为自然科学的重要组成部分，其理论体系的建立和发展离不开实验的验证和推动。而大学物理实验课程正是培养学生实验技能、观察能力和科学思维能力的重要平台。本教材旨在为学生提供一个全面、系统的物理实验学习指南，帮助他们深入理解物理学的基本原理和方法。

物理实验与物理学理论之间存在着密不可分的关系。理论为实验提供了指导，而实验则是对理论的验证和拓展应用。通过实验操作，学生可以更直观地理解物理现象的本质和规律，从而加深对物理理论的理解和掌握。同时，实验还能够培养学生的观察能力、分析能力和解决问题的能力，为他们未来的科学研究和技术创新打下坚实的基础。

本教材是依据《理工科类大学物理实验课程教学基本要求》和《高等学校基础课实验教学示范中心建设标准》，根据哈尔滨信息工程学院的实验中心建设情况和学生基本情况，结合多年的教学实践经验编写的。在编写过程中，编者力求反映当前物理实验教学的新成果和发展趋势，注重培养学生的实践能力和创新精神。同时，本教材也充分考虑了不同专业学生的需求，旨在为学生提供一个灵活多样的学习平台。

本教材中涉及的实验旨在提高大学生的创新意识、实践能力和团队意识，直通“全国大学生物理实验竞赛”。“全国大学生物理实验竞赛”是一项与物理实验相关的重要竞赛，旨在促进高校间物理实验教学的交流，推动物理实验教学模式、内容和方法的改革，拓展创新型人才培养的途径和方法。竞赛分为“命题类创新作品”“自选课题类创新作品”和“大学生物理实验讲课比赛”三个类别。竞赛可进一步激发大学生对物理实验的兴趣与大学生的潜能。

本教材将大学物理实验分为四部分，分别是第一章大学物理实验的预备知识，第二章基础实验，第三章开放实验，第四章虚拟仿真实验，涵盖了力学、热学、电磁学、光学等多个领域的实验内容。每一章都包括实验原理、实验步骤、数据处理和实验案例分析等部分，旨在帮助学生全面了解实验过程和结果。同时，本教材还注重实验内容的实用性和前沿性，引入了一些新的实验技术和方法，以激发学生的学习兴趣和热情。

本教材由哈尔滨信息工程学院陈秋立、宿淑晶、杨婉姣任主编；哈尔滨信息工程学院王婉茹、佟跃辉、孙佳、蔡雨任副主编。具体分工如下：陈秋立负责编写前言、绪论、第一章和第二章的实验五；宿淑晶负责编写第四章的实验一到实验五；杨婉姣负责编写第二章实验三、第四章实验六到实验七和第三章；王婉茹负责编写第二章实验一、实验四和实验六；佟跃辉负责编写第二章实验二、实验七和实验八；孙佳、蔡雨、宿淑晶和杨婉姣共同完成实验知识点视频的录制。

在编写本教材的过程中，编者参考、引用和改编了国内外出版物中的相关资料及网络资源，在此表示深深的谢意！相关著作权人看到本教材后，请与出版社联系，出版社将按照相关法律的规定支付稿酬。

限于水平，书中仍有疏漏和不妥之处，敬请各位专家和读者批评指正，以使教材日臻完善。

编　者

2025 年 2 月

所有意见和建议请发往：dutpbk@163.com

欢迎访问高教数字化服务平台：https://www.dutp.cn/hep/

联系电话：0411-84708445　84708462

目录

绪论

一、大学物理实验的地位和作用

绪论、测量误差与数据处理

《大学物理实验》课程是高等工科院校独立设置的必修课程。物理学作为以实验为基础的学科，是一门实验科学，其理论和规律的验证都离不开物理实验。意大利物理学家伽利略最早把实验的方法引入物理学，比萨斜塔实验验证了“自由落体定律”的正确性，从实验出发，在理论上推翻了亚里士多德统治人们千余年的思想——“落体运动法则”。对于真理而言，辩明不如验明。麦克斯韦预言了电磁波的存在，进而提出了电磁理论，该理论也是在赫兹做出电磁学实验后才被验证，得到人们的认可；1956 年，杨振宁、李政道提出的基本粒子的“弱相互作用下的宇称不守恒”理论，在获得诺贝尔奖前一直未被认可，直到物理学家吴健雄用实验验证后才得到认可。

物理实验课程为学生提供了直接接触和探究物理现象的机会，帮助他们将抽象的理论知识与实际操作相结合，深化对物理学的理解和应用。通过实验操作，学生不仅能够掌握基本的实验技能和数据处理方法，还能够培养观察、分析、归纳和推理等科学思维能力。这些能力对于学生未来的学习和职业发展都具有重要意义，使他们能够更好地适应科技快速发展的社会。

大学物理实验课程也是培养学生创新能力的重要途径。在实验中，学生需要独立思考、设计实验方案、解决实验问题，这些过程都需要学生具备一定的创新精神和创新能力。通过不断的实验探索和实践，学生可以逐渐掌握科学研究的基本方法，提高创新能力，为未来的科学研究和技术创新打下坚实的基础。

大学物理实验课程还具有促进学科交叉融合的作用。随着科学技术的不断发展，学科之间的交叉融合已经成为一种趋势。大学物理实验课程可以与其他学科相结合，开展跨学科的实验教学活动，这不仅有助于学生拓宽知识面，还有助于培养学生的综合素质和创新能力。这种跨学科的实验教学模式对于推动学科交叉融合、促进科学技术创新具有重要意义。

在人类追求真理、探索未知世界的过程中，物理学展现了一系列科学的世界观和方法论，深刻影响着人类对物质世界的基本认识、人类的思维方式和社会生活，是人类文明的基石，在人才的科学素质培养中具有重要的地位。

基于我国基础教育的学情，高中时期，学生面临高考的压力，对于物理课程而言，通常把时间放到理论知识的学习和应对高考的习题中，亲自做实验的时间很少。大一的理工科学生对物理学科的掌握停留在书本上，而《大学物理实验》课程是学生进入大学后接受系统实验方法和实验技能训练的开端，是对理工科专业学生进行科学实验训练的重要基础。

二、大学物理实验的目的

大学物理实验的目的是通过实践操作，深化学生对物理知识的理解，培养学生实验技能、科学精神和创新能力，同时提高学生的团队协作能力和实验安全意识。

(1)培养学生理论与实践结合的能力。大学物理实验是理论知识的延伸和实践。通过实验，学生能够将学到的理论知识转化为实际操作能力，加深对理论知识的理解，验证其正确性和实用性。

(2)培养学生实验技能。大学物理实验要求学生掌握各种实验仪器和设备的使用方法，掌握一系列的实验技能，包括实验设计、操作技巧、数据分析和实验报告撰写等。这些技能对于提高学生的实验能力和综合素质具有重要意义。

(3)培养学生严谨、实事求是的态度。大学物理实验强调严谨性、准确性和客观性。通过实验，学生可以培养实事求是、严谨求真的科学精神，学会用科学的方法去分析、解决问题。

(4)提高学生创新能力。物理实验往往需要学生在理解实验原理的基础上，进行一定的创新和改进。这种创新能力的培养，有助于学生在未来的学习和工作中，面对新问题、新挑战时，能够独立思考、勇于创新。

(5)增强学生团队协作与交流。在大学物理实验中，学生往往需要与同伴合作完成实验任务。这种团队协作的过程，有助于培养学生的沟通能力、协作能力和团队精神。

(6)培养学生安全意识。物理实验仪器和设备涉及用电，具有一定的安全风险。通过实验，学生可以学习如何正确使用实验设备、如何避免实验事故、如何处理实验中的紧急情况，从而提高实验安全意识。

三、大学物理实验的意义

大学物理实验的意义在于帮助学生深入理解物理理论、培养实验技能、科学思维和创新能力以及团队协作能力和沟通能力。这些能力和素质的培养对于学生未来的学习和工作都具有重要的影响。

首先，大学物理实验课程有助于学生深入理解物理理论。通过亲手操作实验，学生可以直观地观察物理现象，验证物理定律，从而加深对物理理论的理解和记忆。这种直观、实践的学习方式，有助于学生更好地掌握物理知识，为后续的理论学习打下坚实的基础。

其次，大学物理实验课程有助于培养学生的实验技能。在实验过程中，学生需要掌握各种实验仪器的使用方法，了解实验数据的收集、分析和处理方法。这些技能不仅对于物理学专业的学生至关重要，也对于其他理工科专业的学生具有一定的实用价值。通过反复的实践和训练，学生可以逐渐提高自己的实验技能，为未来的科研工作或实践工作做好准备。

此外，大学物理实验课程还有助于培养学生的科学思维和创新能力。在实验过程中，学生需要独立思考、分析问题、设计方案、进行实验、得出结论。这种科学思维的过程可以帮助学生形成严谨的思维方式，提高解决问题的能力。同时，通过实验过程中的探索和创新，学生可以培养自己的创新意识和创新能力，为未来的科研工作或创业活动提供有力的支持。

最后，大学物理实验课程还有助于培养学生的团队协作能力和沟通能力。在实验过程中，学生需要与同学合作、分工协作、共同完成任务。这种团队协作的经历可以帮助学生学会如何与他人合作、如何分工协作、如何进行有效的沟通。这些能力对于未来的工作和社会生活都具有重要的意义。

四、如何学好物理实验课

物理实验课需要学生有一定的理论基础，还有动手实操的能力，达到实验要求也是有一定难度的，首先要有端正的学习态度。其次还要有好奇心、探索欲，还要有潜心钻研的精神。更需要掌握一定的方法和策略。物理实验课一般分为三个环节。

1. 做好课前预习

为了能够安全、准确、高效率地完成实验，学生在实验中提高自身的实验操作能力，培养严谨的思维方式，提高科学素养，在进行实验之前，学生应提前预习实验内容，了解实验的目的、原理和步骤，为实验做好准备。

课前，学生应提前预习实验相关内容，包括两部分：一是理论知识预习，实验是对理论知识的验证或应用，学生要在课前复习相关理论知识；二是实验内容预习，学生应明确实验目的、实验原理、实验内容及实验方法和注意事项。

2. 上好课堂实验

课堂实验是实验课的最重要环节。实验课上，学生要“先动脑再动手”，切忌“盲目上手”。对学生而言，应知道自己要做什么，为什么做及怎么做，只有明确这些，学生才能通过该实验提高自己的科学素养。而“盲目上手”的后果，不但可能损坏实验器材，还达不到实验目的。

学生要高效的完成实验课，须做好以下几点：

(1)学生按照课程表准时进入实验室。

先观察实验环境，听从指导教师指令，不得擅自移动实验仪器和设备，认真听指导教师讲解。在教师的指导下检查仪器和设备是否正常完好、材料是否完备。

(2)实验仪器的组装及调试。

根据实验目的和原理，正确组装实验仪器，注意操作规范和安全，遵守实验室规则，不能随意而为。仪器组装完毕后要反复检查有无错误，经指导教师确认无误后方可启动电源加电。

(3)实验中的操作与记录。

在实验中操作要规范，不要随意，以免造成经济损失。要注意观察实验现象，对实验现象认真记录。认真分析实验细节，培养见微知著的良好习惯，往往一些重大发现就是来自对细节的观察。实验中如果出现问题或意料之外的现象，先小组同学认真分析，尝试用所学知识解释，在问题面前要主动寻求答案，不要为了做实验而做实验，前辈们做物理实验时往往没有一帆风顺的，都会经过无数次失败的挫折，实验时遇到问题解决问题是提高自身科学素养的最好契机。在记录数据时力求准确、客观、清晰，不要刻意追求与课本结论一致，实验获得结果与理论值不同时要认真分析原因，并请指导教师到自己身边进行检查帮助我们分析原因。不要在数据记录单上乱写乱画，数据数量较多时要设计表格，必要时做图像分析。

(4)实验器材的整理归纳。

实验完毕后请指导教师到试验台前，在指导教师确认实验过程准确规范、数据无误、实验器材没有损坏后，整理实验仪器，将仪器摆放整齐，在仪器登记表签字后，学生方可离开实验教室。

3. 撰写实验报告册

实验报告是对实验过程的总结，也是实验课的最后的一个环节。学生根据实验中记录的数据对实验内容加以归纳总结，要求实事求是、客观、简洁，逻辑要通顺，不要加感情色彩，对事实表述清楚，字迹端正，作图规范，对实验所得结果要有自己的见解。

五、实验规则

(1)安全第一。牢固树立“安全用电”的理念。需要使用电源的实验，接通电源须经过指导教师的检查并同意。

(2)做好预习。做好理论知识和实验知识的课前预习，做好“三带”——文具、预习报告和实验手册进入实验室。

(3)服从管理。实验前，根据指导教师指令进行实验设备检查，如缺少实验设备，不得擅自调换，应向指导教师提出。

(4)爱护器材。实验过程中，如发现实验设备损坏或丢失，应立即向教师报告。如因不听从教师指导而违反操作致使实验设备损坏者应按规定进行经济赔偿，并提交实验设备损坏记录。

(5)6S 管理。在实验室中，6 S 管理是一种管理模式，是 5 S 的升级。6 S 包括整理(SEIRI)、整顿(SEITON)、清扫(SEISO)、清洁(SEIKETSU)、素养(SHITSUKE)、安全(SECURITY)。

(6)整理数据。将原始数据做好记录，并由指导教师签完字。原始数据要记录到实验报告中，实验报告在规定的时间内上交给指导教师。

第一章 大学物理实验的预备知识

第一节 测量与误差

人们在学习和工作中，常常需要对各种物理进行研究和应用，有时还要找出它们之间的特定关系，我们要想得到这种关系，就需要获得相关物理量的大小、单位等相关信息，就需要借助一些工具或仪器。

测量是科学实验和工程实践中通过一些工具和仪器获取数据的重要手段，它涉及使用各种仪器和工具来确定物理量的大小。但是在测量过程中，由于仪器的限制、环境因素、操作者的技能等多种因素的影响，往往会产生误差。

测量结果需要用物理量与单位表示。物理量是用于描述自然界中物体或现象的属性的量，物理量的选择取决于我们想要描述或测量的现象。例如长度、质量、时间、温度等。每个物理量都有一个对应的单位，用于量化和比较这些属性。国际单位制(SI)定义了七个基本单位，包括 m(长度单位)、kg(质量单位)、s(时间单位)、A(电流单位)、K(温度单位)、mol(物质的量单位)和 cd(发光强度单位)。通过这些基本单位，可以派生出其他所有物理量的单位。例如，速度的单位是 m/s(米每秒)，这是由长度单位 m 和时间单位 s 复合而成的。同样地，功的单位是 J(焦耳)，它是 N(力)和 m(距离)的乘积，即 N・m。这些复合单位使得我们能够更准确地描述和测量复杂的物理现象。

总之，物理量和单位是物理学中不可或缺的概念，没有单位的物理量是没有意义的。

在物理学中，许多物理量之间的关系是通过物理定律来描述的。这些定律通常涉及到多个物理量，并且给出了它们之间的数学关系。

一、测　量

1. 测量的概念

测量是指通过特定的方法和工具，对某一对象的尺寸、大小、数量、重量、速度等属性进行确定的过程。或者说将需要测量的物理量与作为标准的同类物理量进行比较，从而得到它们之间的数学关系，数学关系得到的结果就是待测的测量值，而作为标准的同类物理量称为“单位(Unit)”。例如 1，用米尺测量游泳池的长度和宽度，当长度刚好是 50 个米尺的长度，宽度刚好是 30 个米尺的长度时，得到游泳池的长度为 1 m×50＝50 m，宽度为 1 m×30＝30 m，其中 50(30)就是单位 1 m 的倍数，“×”为数学关系，根据单位不同，测量结果可以有不同的表达方式。例如 2，牛顿的第二定律（F＝ma）描述了 F（力）、m（质量）和 a（加速度）之间的关系。在这个公式中，力（F）的单位是牛顿（N），质量的单位是 kg（千克），加速度的单位是 m/s^2（米每秒平方）。通过这个公式，我们可以理解这些物理量是如何相互关联和影响的。

2. 测量的分类

根据不同的标准，测量有很多种分类方式。

根据测量方法可以分为直接测量和间接测量两大类。

直接测量是指直接使用测量工具对被测量进行测量，如使用尺子测量长度、使用天平测量质量等。

间接测量则是指通过测量与被测量有函数关系的其他量，然后通过计算得到被测量的值，如通过测量物体的电阻、电压和电流来计算功率；利用水的浮力测量固体密度；再如测量柱状铜的密度，先用长度测量仪器（如米尺、游标卡尺或螺旋测微器等）直接测量它的直径 d 和高 h，用重量测量仪器如天平直接测量质量 m，最后由数学关系式 $\rho=4m/\pi d^2h$ 计算出铜的密度 ρ，ρ 称为间接测量量。所以，间接测量是以直接测量为基础的，相比较而言，直接测量是比较直观和简单的。然而我们用到的物理量大多是不能够直接测量的，所以直接测量是所有测量的基础。但是随着科技的迅猛发展，实验仪器的科学性不断改进，原本一些物理量只能间接测量，现在也可以实现直接测量了。

根据测量的精度和目的分为定量测量和定性测量。

在定量测量中，测量结果以具体的数值表示，这些数值可以是整数、小数或分数，它们反映了被测量的实际大小或多少。例如，当我们使用刻度尺测量一根木棍的长度时，我们得到的是一个精确到毫米或更小单位的数值，这个数值准确地告诉我们木棍的长度。

定性测量则更侧重于判断或分类，比如判断物体的颜色、形状或材质等，其结果通常以文字描述或分类标签来表示。例如，我们可能会描述一块石头为光滑的或多孔的，这样的描述可以帮助我们对物体的性质有一个基本的认识。

根据测量条件的不同，测量又可分为等精度测量和非等精度测量。

等精度测量是一种确保在测量过程中测量仪器的精度维持恒定的方法。通常要求测量条件（如测量人员、测量仪器、测量地点、测量量及测量方法等）均不变的情况下进行多次测量，我们可以认为多次测量的可靠程度都相同，所以称为等精度测量，这样的一组测量值称为一个测量列。在实际应用中，等精度测量通常需要使用高精度的测量设备，并采取适当的测量方法和环境控制措施，以减小系统误差和随机误差的影响。这意味着无论被测量的对象如何变化，测量误差的特性和大小都应当保持一致。为了达到等精度测量的目标，通常需要选择高精度的测量仪器，并采用科学的测量方法和严格的操作流程，以最大限度限减少误差来源，并确保测量结果的准确性和可靠性。

非等精度测量是指在测量过程中，由于各种因素的影响，如测量人员不同、测量仪器不用、测量方法不同或测量地点不同等导致每次实际测量的精确度可能不同，即各个测量值存在差异。而这种差异常见于各种实际测量场景中，特别是在处理多样化、复杂化的测量对象时，如不同尺寸、材质或形状的物体。因此，在进行数据分析和决策制定时，必须充分认识到这种非等精度特性，并采取相应的措施来确保测量结果的准确性和可靠性。对非等精度测量的测量结果处理时，可以根据各个测量值的"权重"，进行"加权平均"，由于计算的复杂性，所以大学物理实验中一般较少采用。

二、误差

1. 误差的概念

在任何领域，对一个量的准确测量至关重要，而真值就是这个量的精确度量，它代表了该量在理想条件下的真实数值。通常，把被测量在一定客观条件下的真实大小称为该量的"真值"，真值的概念是理论上的，它不受任何测量技术或条件的限制，是客观存在的。在实际的测量中，利用各种方法得到被测量的真值是测量的目的。然而，在现实世界中，由于技术的局限性、环境的不确定性、操作人的不同及测量仪器的误差，我们往往无法直接获得这个理想的真值，只能通过测量得到一个近似值。这个近似值与真值之间存在的差异，就是我们所说的误差。

即使测量精度再高，方法再先进，也无法测出被测量的真值，测量值与真值始终存在着差异。测量值是对客观事物的某种特征的定量表征，但是很难准确无误的将客观存在反映出来，只能无限接近的反映客观事物特征的量值。我们用 A_0 表示真值，用 A 表示测量结果(测量值)，那么，测量值 A 与真值之差 A_0 之差称为测量误差，记作 ΔA，称为测量的绝对误差，即

$$\Delta A = A - A_0 \tag{1-1}$$

绝对误差是指测量值与真实值之间的差值，只能表示测量误差的大小，通常表示的是一个具体的数值。当被测量是不同数量级时，绝对误差则不能准确地对测量精确度进行表述，如对两个不同数量级的物理量进行测量时，若分别测量时得到的绝对误差数值相同，但测量的数量级是不同的，数量级越大精确度越高；数量级越小精确度越低。此时需要对测量精确度或测量仪器的精确度进行比较时，绝对误差就不准确，需要引入另一项可作为互相比较的技术指标——相对误差，相对误差表示绝对误差与真实值的比值，通常表现为百分比的形式。相对误差能够提供误差大小与真实值大小之间的相对关系，有助于评估测量的准确性。为了研究方便，把绝对误差记作 E，即

$$E = \frac{\Delta A}{A_0} \times 100\% \tag{1-2}$$

相对误差是一个百分数，无量纲。相对误差越小，表示结果越接近真值；相对误差越大，表示结果越远离真值。

我们来思考一个问题，既然真值是不可测得的，那么我们怎样获得绝对误差和相对误差呢？是不是绝对误差和相对误差也只能停留在理论上呢？在不知道真值的情况下怎样

得到绝对误差值和相对误差值呢？因此在此基础上，引入算术平均值，求多个数值的算术平均值大家都不陌生，通常将真值用算术平均值代替，用作各种误差计算公式中。

在实际的测量中，需要说明的一点是“误差”与“错误”是不同的。误差是指测量值与真实值之间的差异，它通常由测量方法的不完善、仪器的限制或操作者的失误等因素造成。误差是不可避免的，但可以通过改进测量技术和方法来减小。而错误则是指由于疏忽、误解或不正确的操作导致的不准确结果。错误是可以避免的，通过仔细检查和校正可以纠正错误。所以在处理数据和实验结果时，区分误差和错误非常重要。误差需要通过统计分析和改进实验设计来管理，而错误则需要通过仔细地检查和修正来消除。

2. 实验误差的来源

物理实验中产生误差的原因很多，主要包括以下几点：

(1)仪器误差。实验仪器本身的精度和稳定性不足，会导致测量结果与真实值之间存在偏差。

(2)测量人误差。观测者在读取数据或判断实验现象时，可能受到个人经验、注意力集中程度等因素的影响，从而产生误差。

(3)环境误差。实验环境的微小变化，如温度、湿度、电磁场等，都可能对实验结果产生影响，导致误差的产生。

(4)方法误差。实验方法的选择和设计可能存在不足，无法完全消除或控制某些误差源，从而影响实验结果的准确性。

(5)数据处理误差。在数据处理过程中，可能由于计算错误、四舍五入、数据转换等原因，导致最终结果的误差。

了解实验误差的来源有助于在实验设计和结果分析时采取相应措施，为了减小误差对实验结果的影响，实验者需要在实验设计、仪器选择、观测方法、数据处理等方面采取一系列措施，以减小误差对实验结果的影响，提高实验数据的准确性和可靠性。

3. 实验误差的分类

在物理实验中，误差是不可避免的现象。实验中误差根据误差产生的原因可分为系统误差和偶然误差。系统误差指在测量同一物理量时，多次且在相同条件下测量，结果出现固定的偏差。也就是测量误差保持了恒定的大小和相同的符号，或是按某种固定的规律进行变化。

4. 系统误差

系统误差产生的原因是实验体系内部固有的、可识别的偏差因素，通常包括以下几个方面：

(1)仪器误差。仪器本身的设计、制造或校准不准确导致的误差。如果一个温度计校准不准确，那么无论测量多少次，它都会系统性地给出偏高或偏低的读数。

(2)环境误差。实验环境中的温度、湿度、气压等条件变化对实验结果产生影响导致的误差。如太阳能电池的标准测试条件是 25 ℃，电性能参数皆是标准条件下测得的，若使用温度是 29 ℃时就须加温度修正，否则就会引入环境误差。

(3)测量方法误差。实验操作方法不当或不一致导致的误差。如利用单摆测重力加速度，计算单摆周期时，摆角要求趋于零才可以用公式 $T=2\pi\sqrt{l/g}$ 来计算周期，但是在实际实验中，单摆必须有小于 5 度的摆角，再加上摆线有质量、空气有阻力等，这些因素必然导致测量值的误差。

(4)测量人误差。观测者在读取仪器显示的数据时产生的主观误差。如 100 m 跑的计时员按秒表时习惯提前或者滞后。这种误差与测量人的主观认知——心理状态有关。

(5)标准误差。实验中使用的标准物质或标准值本身存在误差。

(6)理论误差。实验依据的理论或公式存在近似或不完善导致的误差。

系统误差常常是多数实验误差的主要来源。而且仅靠重复测量，基本不会发现系统误差。为了克服系统误差，我们要总结经验，尽力优化实验设计、校准测量仪器以及标准化操作流程，掌握多种实验方法和对各种实验环境引起的系统误差进行修正。

5. 系统误差的处理

在物理实验中，系统误差是不可避免的，并且该误差处理起来相对复杂。因为只要实验条件确定，系统误差(大小和方向)就确定了。系统误差不容易被发现，即使多次重复实验也不容易找到，这样就谈不到进一步寻找其原因，以及减小或消除它。因此，在实验过程中我们不能像处理偶然误差那样通过多次测量取平均值或用图像法来处理数据，从而减小误差。减小系统误差要靠实验工作者打好坚实的理论基础、积累丰富的实践经验和熟练的实验技术，设计合理缜密的实验方案。在实验中遇到具体的问题要进行实事求是的分析和处理。

在物理实验中，我们常把系统误差分为可定系统误差和未定系统误差两种。下面我们结合一些具体的应用实例来分析系统误差的处理方法。

(1)可定系统误差处理

可定系统误差指的是那些能够通过已知原因和规律进行预测并加以修正的误差。这类误差通常源自测量设备的固有缺陷或测量方法的局限性，例如仪器校准不准确、温度变化对测量结果有影响等。通过精确校准仪器、优化测量流程或采取相应的补偿措施，我们能够有效地减小甚至消除这些误差对最终测量结果的不良影响。大小和方向的确定性是系统误差的特点，所以系统误差是可预测、消除性或可修正的，典型的系统误差是实验理论或实验方法的不完善以及实验仪器的偏差。

我们在伏安法测电阻的实验中，会利用电阻定义式 $R=U/I$ 来计算电阻，但由于实际的电流表和电压表都有内阻，因此，直接用电压表的读数 U 和电流表的读数 I 带入定义式计算，就会产生可定系统误差。这种可定系统误差可以根据测量器材的实际情况和通过巧妙设计实验方案来减小或消除。如可以根据"大内小外"的原则合理选取"内接电路"或"外接电路"来减小实验误差；也可以采用电桥平衡法来消除系统误差；还可以在已知电流表内阻时采用"内接法"或在已知电压表内阻时采用"外接法"来消除系统误差。

(2)未定系统误差的处理

任何的实验仪器、仪表以及各种测量工具，在制造时都存在一个反映精确程度的极限误差指标，往往称之为“仪器误差”，用$\Delta_{仪}$来表示。在产品说明书中这个极限误差一般都有明确的说明。例如 50 g 的三等砝码，规定其极限误差不超过±2 mg，即$\Delta_{仪}=2$ mg。再比如，电学实验中常用的电表，如果量程为X_n，准确度等级为 N，则有$\Delta_{仪}=X_n N\%$。每种测量仪器极限误差的规定在说明书中都有介绍，就不在这里一一赘述了。总之，仪器的极限误差是造成实验测量中未定系统误差的主要原因。

既然仪器精度的不准确而引起系统误差其大小和方向都是确定的，那么，我们为什么还称这种误差为未定的系统误差呢？这是因为实验员在使用某件仪器前，只知道$\Delta_{仪}$的数值，不知道这一指标代表的误差极限范围。如 50 g 的砝码，在使用中只知道其误差值不会超过±2 mg，我们不知道这个值是正还是负，也未说明大小具体是多少。如果想明确这个指标的意义，必须用等级更高的仪器来测量，但在多数测量实验中没有必要这样做，尤其是在教学实验中。

未定系统误差的含义很广，远不止仪器误差一种。至于其他的未定系统误差，可以在今后的实践中慢慢学习，本书中不做过多讨论。

6. 偶然误差

(1)偶然误差，也称随机误差，是在测量过程中由于多种不可预测和不可控制的因素引起的误差。这种误差的特点是大小和方向都是随机的，没有固定的规律，因此在多次测量中，偶然误差的正负会相互抵消。也就是说一次测量看起来没有规律，但多次测量时就可以发现，这种误差的大小和方向出现的概率服从某种特定的统计分布规律。我们把这种误差定义为偶然误差。

偶然误差通常与测量设备的精度、操作者的技能、环境条件等因素有关，但无法通过改进测量方法或设备来完全消除。偶然误差的产生往往源于多方面因素的综合作用。

首先，测量工具本身的精度和稳定性是一个关键因素，任何微小的偏差或变化都可能引起误差，如电源电压本身的波动性。

其次，外界环境条件如温度、湿度等，也可能对测量过程产生影响，从而导致误差的产生。如外界磁场和空气气流的扰动等。

最后，人为因素也是不可忽视的，操作者的技能水平、经验、情绪状态等都可能影响测量结果的准确性。此外，随机因素也是偶然误差的一个重要来源，如电子设备的随机噪声、读数时的微小抖动等，都可能对结果产生微小但不可忽视的影响。因而，在测量过程中出现偶然误差是必然的、随机的、也是不可避免的。

偶然误差通常遵循正态分布规律，根据中心极限定理，虽然单独的随机变量本身并不服从正态分布，但是偶然误差往往由许多微小、独立且随机的误差因素叠加而成。它们的总体影响趋近于正态分布。在实际测量中，即使单个误差因素可能不服从正态分布规律，但整体表现为正态分布规律。正态分布的特点是其图形呈现为对称性，其均值、中位数和众数都相同，且大部分数据值集中在均值附近，远离均值的数据出现的概率逐渐减小，且线下面积为 1。偶然误差的正态分布曲线如图 1-1 所示。偶然误差 x 为横坐标，误差的概率密度分布函数为纵坐标 $f(x)$，其物理意义是误差在单位误差范围内出现的概率。

阴影部分表示的面积元 $f(x)\mathrm{d}x$ 指误差在 x 至 $x+\mathrm{d}x$ 范围内出现的概率。但是若测量值的精密度不同，它们的正态分布曲线的中心值是不同的，如图 1-2 所示。

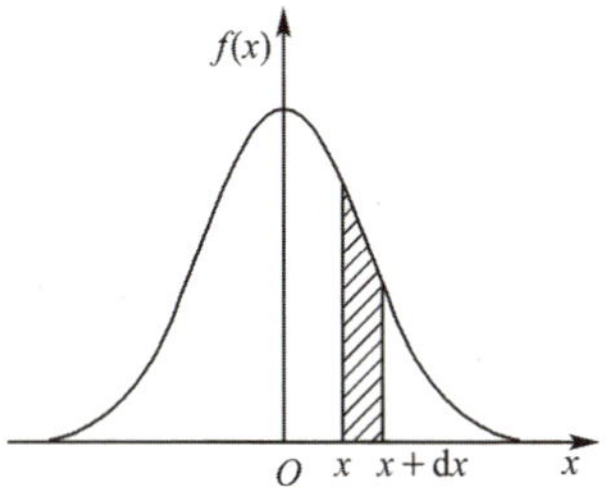

图 1-1 偶然误差的正态分布曲线

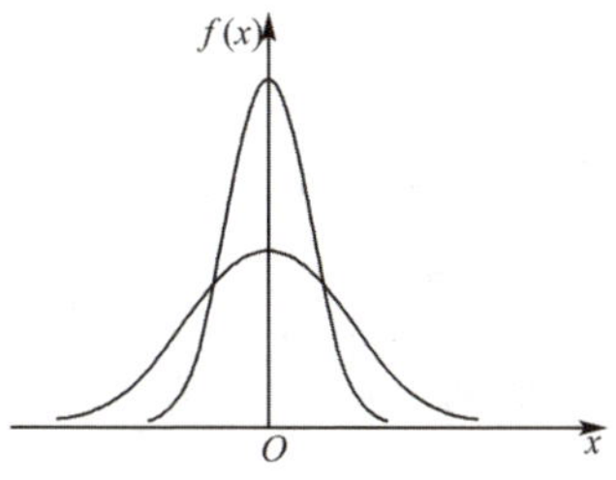

图 1-2 两组精密度不同的测量值的正态分布曲线

三、精密度、正确度和准确度

精密度、正确度和准确度是衡量测量结果的三个重要指标。

(1)精密度(Precision)指的是测量结果的一致性或重复性。如果多次测量同一对象得到的结果非常接近，那么这些结果就被认为是高精密度的。精密度高并不意味着结果就是正确的，它仅仅表明测量过程的可重复性好。偶然误差小，测量的精密度就高。

(2)正确度(Trueness)指的是测量结果与真实值的接近程度。如果一个测量结果接近真实值，那么这个结果就被认为是高正确度的。然而，即使测量结果非常接近真实值，如果它们之间存在系统性偏差，那么这个测量过程可能并不精确。系统误差小，测量的正确度就高。

(3)准确度(Accuracy)是正确度和精密度的综合体现。一个准确的测量结果既需要接近真实值(正确度高)，也需要在多次测量中保持一致(精密度高)。准确度是衡量测量结果质量的最终目标，它表明测量结果既无系统偏差又具有良好的重复性。

在实际应用中，为了确保数据的可靠性，通常需要通过各种方法和标准操作程序来提高测量的精密度和正确度，从而达到高准确度的测量结果。

图 1-3 将三测量值分布图相比较，图 1-3(a)中测量结果的正确度低但精密度高，图 1-3(b)中测量结果的精密度低但正确度高，图 1-3(c)中测量结果的精密度与正确度都高，这种情况就称为准确度高。图 1-3(c)是测量时要求达到的效果。

在实际的测量中，精密度、正确度和准确度并没有严格的界限，统称为“测量精度”

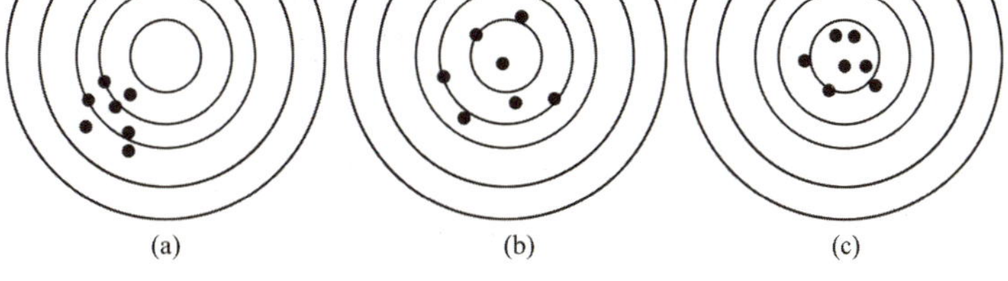

图 1-3 测量结果准确程度

第二节　有效数字

在物理实验中，需要对测量结果是数字的原始数据进行精度处理时，就会用到“有效数字”的相关知识。正确地处理有效数字是至关重要的，因为它影响到结果的精确度。

一、有效数字的概念

有效数字是指在数值中从左边第一个非零数字开始，到右边最后一个确定的数字为止的所有数字。例如，如果一个长度测量结果为 3.56 cm，那么这个数值就有三个有效数字：3、5 和 6。在物理实验的测量中所需的有效数字的倍数由若干位可靠数字和一位可疑数字构成。

例如，用直尺测量长度时的最小分度值是 mm，用直尺测量物体 A 的长度，读数时 A 比 56 mm 长出约 0.5 个刻度，读取测量数据为 56.5 mm。这三位数字中，56 是准确读得的，称为可靠数字。最后一位 5 是估读出来的，如果变换读数人，也可能估读成 4 或 6，称该数字为可疑数字。很明显，可疑数字是含有误差的。在测量中，最后需要记录的数据由可靠数字和可疑数字组成。有效数字的处理应遵循以下规则。

(1)非零数字总是有效的。

(2)任何夹在非零数字之间的零都是有效的。

(3)小数点前的零不是有效数字。

(4)小数点后的零，如果位于非零数字之后，则是有效的。

(5)在科学记数法中，有效数字的数量不包括指数部分。

(6)在进行数学运算时，结果的有效数字应与原始数据中有效数字最少的保持一致。

(7)在四舍五入时，应考虑到最接近的数字，以确定保留或舍去的数字。

(8)在记录测量值时，应保留与测量工具精度相匹配的有效数字数量。

在物理实验中，不管是直接测量还是间接测量的数据，无论是直接或间接测量的结果，读数的位数取舍的主要依据是读数末位必须与误差位对齐。例如，长度测量，平均值为 18.956 mm，但不确定度为 0.04 mm，那么有效的结果为 18.96±0.04 mm。

(1)如果采用直接测量法，测量数据的有效数字位数与使用仪器的最小分度值有着密切的关系。通常情况下，须估读到测量仪器最小分度值的后一位。例如，测量物体的长度使用米尺，如果物体末端与尺子 89 刻度线刚好重合，测量结果不能直接记作 89 mm，须记作 89.0 mm。从数学的角度上，89.0 与 89 在数值上是一样大的，而小数点后的“0”似乎没什么意义，但从测量的角度上，则表示测量结果须估读到这一位，但是该估读位的数值是“0”。

(2)当测量使用的单位变化时，有效数字的位数保持不变，只需改变有效数字的小数点位置。四位有效数字 11.50 mm 以 mm 为单位，如果用 m 做单位，应记作 0.011 50 m。根据有效数字处理的规则：非零数字“1”前面的两个“0”是不记作有效数字的，非零数字之间和之后的“0”都是有效数字，所以 0.011 50 m 和 11.50 mm 的有效数字位数是不变的，都是 4 位。在进行单位换算时，如测量结果相对某单位时，数值过大或过小，就必须将该数值用科学记数法表示，如 10 500 μm 就应该写成 1.050×10^{4} μm 或 1.050×10^{-2} m。

(3)如果采用间接测量法，测量数据须利用直接测量值计算出来的，但直接测量值可能是多个，也可能会用不同的测量仪器和工具来测量，这样的话各个直接测量值的有效数字位数可能不完全相同，为了让有效数字保留位数有据可依，我们会使用统一的修约标准，在运算过程中也要有运算规则。

二、数字修约的国家标准

关于数字修约，有很多标准。我们采用 1981 年的国家标准，这一标准详细阐述了修约的基本规则、方法和步骤。在进行修约时，我们应首先明确需要保留的位数，然后遵循相关规则进行修约。

(1)观察需要舍入数字的小数点后第一位，若该数字小于 5(不包括 5)，则直接舍去。例如，在 6 053 643 数字中保留 5 位有效数字时，拟舍去的数字是 43，因为 4<5，则应为 60 536，简称为“四舍”。

(2)观察需要舍入的数字的小数点后第一位，若该数字大于 5(不包括 5)，则进一。例如，在 3 605 623 数字中保留 4 位有效数字时，拟舍去的数字为 623 时，因为 6>5，则应为 3 606，简称为“六入”。

(3)观察需要舍入的数字小数点后第一位，若数字等于 5，且 5 的右边数字并非全部为零时，则进一。例如，在 3 605 123 数字中保留 3 位有效数字时，拟舍去数字为 5 123 时，5=5，5 后面的数字为非零的数，则应为 361，简称为“五看右”。

(4)观察需要舍入数字的小数点后第一位，若数字等于 5，且 5 的右边数字都为零时，而需保留的最后一位数字若为偶数(包括 0)就“舍去”，需保留的最后一位数字若为奇数则“进一”。例如，在 45 050 数字中保留 3 位有效数字时，拟舍去 50 时，因为 5=5，且 5 的右边的数字都为零，而需保留的最后一位数字是 0，所以“舍去”，故此时应为 450。例如，在 45 150 数字中保留 3 位有效数字时，拟舍去 50 时，因为 5=5，且 5 右边的数字都为零，而须保留的最后一位数字是 1，所以“进一”，故此时应为 452。

(4)观察需要舍入数字的小数点后第一位，若数字等于 5，且 5 的右边数字为非零时则“进一”。例如，在 45 052 数字中保留 3 位有效数字时，拟舍去 52，因为 5=5，且 5 右边的数字是 2，非零，所以“进一”，故此时应为 451。

上述修约规则简述为：四舍(要舍入数字的小数点后第一位小于等于四)、六入(要舍入数字的小数点后第一位大于等于 6)、要舍入数字的小数点后第一位是 5 时则看 5 后，若 5 的右边数字为非零时则入、若 5 的右边数字为零时左看拟保留数的末位数为奇数则入，为偶数则舍。该规则可简述为“四舍六入五凑偶”。

三、有效数字的运算规则

有效数字在运算过程中，应遵守一系列基本原则以确保结果的准确性和可靠性。当两个有效数字进行运算时，应遵循以下规则：

(1)在进行“+”或“−”运算时,结果的精确度应受限于最不精确的加数或减数。也就是说,结果的有效数字位数应与这些数中最少的有效数字位数相同。例如,21.3+6.213=27.513,由于数字21.3中小数点后位数最少,只有一位,计算结果记为27.5。

(2)在进行“×”或“÷”运算时,结果的精确度则由参与运算的数中有效数字位数最少的那个数决定。也就是说,结果的有效数字位数应与这些数中最少的有效数字位数相同。例如,4位有效数字与3位有效数字相乘时结果是3位有效数字。

(3)涉及幂次运算时,底数的有效数字位数决定了结果的有效数字位数,即结果的有效数字位数应与底数的有效数字位数保持一致。

(4)对于开方运算,其结果的有效数字位数应与被开方数的有效数字位数相同。

(5)在进行对数运算时,应特别注意结果的小数部分,其有效数字位数应与真数的有效数字位数相匹配。

从有效数字的运算规则可见,有效数字进行运算时,其结果的有效数字的位数应取得恰当。取少了会带来附加的计算误差,降低结果的精确程度;取多了,从表面看似乎精度很高,实际上毫无意义,反而给人以错误的印象及带来不必要的麻烦。

如果用计算器进行计算,为了简便、迅速起见,运算过程就在计算器上连续进行,但结果要按运算规则取有效数字位数。

第三节　测量结果的不确定度

物理实验中，得到测量量的真值是测量的目的，但是误差的存在增加了测量量的真值的难度，所以测量结果也只能得到真值的近似值和表示近似程度的(误差)范围。所以我们引入一个概念——“测量不确定度(uncertainty of measurement)”。

在此之前，评定测量结果会用到“测量误差”来评定，但是测量误差在实际中难以量化，是理想化的概念，再加上在很多情况下系统误差和偶然误差没有明显界限，因评定方法不同使得同一测量量在相同的条件下得到测量结果却不同，也就引起数据处理方法和测量结果达不到统一，又因为测量误差在实际测量中是避免不了的，因此需要一个评定指标——“测量不确定度”。中国计量科学研究院起草并制定了对测量结果进行评定、表示和比较的统一准则——《测量不确定度评定与表示》(JJF 1059—1999)。要想得到测量不确定度，我们需要明确几个数值。

一、真值的最佳估算值——算术平均值

偶然误差通常遵循正态分布规律，从分布规律曲线可知偶然误差的正负值具有可抵偿性，当测量条件相同时，我们多次、重复的测量同一物理量，测量误差的代数和会随着测量次数的增加而减小，并趋于零。用 $A_1,A_2,\cdots,A_n$ 表示对某一物理量 A 进行 n 次重复测量的值，那么

$$x_1=A_1-A_0$$
$$x_2=A_2-A_0$$
$$\cdots$$
$$x_n=A_n-A_0$$

将上面各式两侧各自相加得

$$\sum_{i=1}^{n}x_i=\sum_{i=1}^{n}A_i-nA_0$$

又因为

$$\lim_{n\to\infty}\sum_{i=1}^{n}x_i=0$$

所以有

$$\lim_{n\to\infty}\frac{\sum_{i=1}^{n}A_i}{n}=A_0$$

而

$$\frac{\sum_{i=1}^{n}A_i}{n}=\overline{A} \tag{1-3}$$

由此可见，算术平均值与真值的接近度与测量次数有关，测量次数 n 越大（次数越多），算术平均值 $\overline{A}$ 与真值 A_0 越接近，是真值的最佳估计值。所以，在实际测量或计算中我们将算术平均值 $\overline{A}$ 用作真值 A_0。

二、标准偏差

在实际测量时测量次数是有限的，真值的估计值直接用算数术平均值 $\overline{A}$，它们之间还是差值的，我们用偏差表示测量值与算数平均值之差，偏差用 v_i 表示，即

$$v_i = A_i - \overline{A} \tag{1-4}$$

式中：v_i 表示第 i 次的测量值 A_i 与算数平均值 $\overline{A}$ 之差。

由式(1-4)可知误差与偏差表达的意义是不同的，为了表示测量偏差的离散程度，我们用标准偏差来描述。通常把测量标准偏差用 S_A 表示，计算公式为

$$S_A = \sqrt{\frac{\sum_{i=1}^{n}(A_i - \overline{A})^2}{n-1}} \tag{1-5}$$

三、算术平均值的标准偏差

通过标准偏差的计算公式发现在测量中标准偏差 S_A 与算术平均值 $\overline{A}$ 有一定的关系。而 $\overline{A}$ 毕竟不等于真值。当对同一个物理量多次进行等精度的测量时，可能得到多组不同的平均值。换句话说 $\overline{A}$ 也是一定范围内的随机变量，而 $\overline{A}$ 也具有离散性。

既然 $\overline{A}$ 具有离散性，那么它的可靠程度怎么描述呢？我们引用一个新的物理量——算术平均值的标准偏差，用 $S_{\overline{A}}$ 表示，即

$$S_{\overline{A}} = \frac{S_A}{\sqrt{n}} = \sqrt{\frac{\sum_{i=1}^{n}(A_i - \overline{A})^2}{n(n-1)}} \tag{1-6}$$

用式(1-6)计算出一次测量的算术平均值的标准偏差，我们会知道在该次测量中真值出现在一定范围内的概率：在 $(-S_{\overline{A}}, +S_{\overline{A}})$ 范围内 A_0 出现的概率为 68.3%，在 $(-2S_{\overline{A}}, +2S_{\overline{A}})$ 范围内 A_0 出现的概率为 95.5%，在 $(-3S_{\overline{A}}, +3S_{\overline{A}})$ 范围内 A_0 出现的概率为 99.7%。

在实际测量时，测量次数是有限的，由式(1-6)也能看出，平均值的标准偏差比一次测量的偏差要小，而且测量次数越多，平均值的标准偏差值会越来越小，测量精密度也越来越高。经过大量的推导计算，当测量次数 $n > 10$ 时，算术平均值的标准偏差随测量次数增加而降低的效果就会很小。因此，测量精度的提高不能只是增加测量的次数。通过大量的科学研究后，重复测量次数一般取 10～20 次，但在物理实验中通常取 5～10 次。

四、不确定度的基本概念

不确定度是用来评定测量水平或测量质量的量。不确定度是测量量的真值处于其平均值范围的概率，不确定度数值越大，标志着误差的可能值越大，测量的可信赖程度越

低；不确定度越小，标志着误差的可能值越小，测量的可信赖程度越高。

五、不确定度的分类及其性质

不确定度可以有若干分量，这些分量来源于影响测量结果的若干因素。根据评定方法不同，不确定度分量可分为A类不确定度和B类不确定度。A类不确定度是用统计的方法来评定的，用S_i表示，脚标i表示第i个A类不确定度分量；B类不确定度是用非统计的方法评定的，用U_j表示，脚标j表示第j个B类不确定度分量。

A类不确定度主要利用统计的方法来解决偶然误差问题，计算A类不确定度时，只要对重复n次的测量数值进行统计，并求它的算术平均值的标准偏差即可。即

$$S_{\overline{A}}=\frac{S_A}{\sqrt{n}}=\sqrt{\frac{\sum_{i=1}^{n}(A_i-\overline{A})^2}{n(n-1)}} \tag{1-7}$$

B类不确定度是用非统计方法估算出的分量，这些是不能消除的系统误差，主要是未定系统误差问题，最典型的就是仪器误差。

在物理实验中，计算这类不确定度不能用统计方法进行计算，而应先找到仪器误差的大小，然后用仪器误差的大小来得到B类不确定度U_j的大小，通常情况下认为

$$U_B=\text{仪器误差}/C \tag{1-8}$$

式中：C为置信系数(由仪器误差遵循的分布规律确定)。

仪器误差主要服从正态分布规律和均匀分布规律。有些仪器的误差服从正态分布规律，取$C=3$；有些仪器的误差服从均匀分布规律，取$C=\sqrt{3}$。正态分布规律前面讲过，均匀分布规律是指在某一范围内的测量值，结果取某一特定值的概率相等，认为范围外的概率为零。通常认为仪器误差的分布遵从均匀分布。

实际测量中，测量结果通常有A类不确定度分量还有B类不确定度分量。所以，测量结果需要用合成不确定度U来表示为

$$U=\sqrt{S_{\overline{A}}^2+U_B^2} \tag{1-9}$$

式中：$S_{\overline{A}}$指A类不确定度分量的数量；U_B指B类不确定度分量的数量。

第四节　数据处理

在物理实验中，数据处理是非常重要的环节。我们通过实验中得到的原始数据可能包含各种误差，直接使用这些数据可能无法准确反映物理现象的实质。因此，通过数据处理，我们可以对原始数据进行误差分析，得到真值估算值、标准偏差、A类不确定度、B类不确定度、合成不确定度等。这能够提高实验的准确性和可信度，还能帮助我们发现新的物理规律和现象，推动物理学的发展。

在物理实验中，测量结果分为直接测量结果和间接测量结果，下面利用这两种测量结果来进行数据处理分析。

一、直接测量数据处理

对于直接测量的数据进行处理相对来说较简单。

第一步，求测量量的真值 $\overline{A}$。算术平均值是真值的最佳估计值。用统计方法求得多次测量量的算术平均值$\overline{x}$，$\overline{x}=\overline{A}$。

$$\overline{A}=\frac{\sum_{i=1}^{n}A_i}{n}=\frac{A_1+A_2+\cdots+A_n}{n}$$

第二步，求A类不确定度 $S_{\overline{A}}$。

$$S_{\overline{A}}=\frac{S_A}{\sqrt{n}}=\sqrt{\frac{\sum_{i=1}^{n}(A_i-\overline{A})^2}{n(n-1)}}$$

第三步，求B类不确定度的大小 U_B。根据误差分布规律确定C值，正态分布规律时 $C=3$；均匀分布时 $C=\sqrt{3}$

$$U_B=\text{仪器误差}/C$$

第四步，求出合成不确定度 U。

$$U=\sqrt{S_{\overline{A}}^2+U_B^2}$$

第五步，测量结果的表达。

$$A=\overline{A}\pm U$$

$$E=\frac{U}{\overline{A}}\times 100\%$$

（置信概率 $P=68.3\%$）

例　用卡尺重复6次测长度 L，卡尺的分度是50，单位为mm，得到测量结果为：139.70，139.72，139.68，139.70，139.74，139.72。请写出直接测量的数据处理结果。

解

$$\overline{L}=\frac{1}{6}\sum_{i=1}^{6}L_i=139.71(\text{mm})$$

$$S_{\overline{L}}=\sqrt{\frac{\sum_{i=1}^{6}(L_i-\overline{L})^2}{6\times(6-1)}}=0.008\ 6(\text{mm})$$

卡尺的仪器误差 $\Delta_{仪}=0.02(\text{mm})$，B类不确定度分量 $u_L=\sqrt{3}$（卡尺的误差服从均匀分布），所以

$$U_B=\frac{\Delta_{仪}}{\sqrt{3}}=\frac{0.02}{\sqrt{3}}=0.012(\text{mm})$$

$$U_L=\sqrt{S_{\overline{L}}^2+u_B^2}=\sqrt{0.009^2+0.012^2}=0.015(\text{mm})$$

$$L=\overline{L}\pm U_L=139.71\pm0.02(\text{mm})$$

$$E=\frac{U_L}{\overline{L}}\times100\%=\frac{0.015}{139.71}\times100\%=0.01\%$$

二、间接测量的数据处理

在实际的工程和科研实践中，测量大多是间接测量问题。因此，间接测量量不确定度的研究及测量结果的数据处理有着深远的意义。间接测量数据需要通过直接测量数据计算得到，所以数据处理相对复杂些。

第一步，求间接测量量的真值 $\overline{Y}$。算术平均值是真值的最佳估计值。

设间接测量量 Y 是直接测量量 X 的函数，即

$$Y=f(X_1,X_2,\cdots,X_n)$$

间接测量量的平均值 $\overline{Y}$ 可表示为

$$\overline{Y}=f(\overline{X}_1,\overline{X}_2,\cdots,\overline{X}_n)$$

例如，要测量圆柱体的体积 V，V 的公式是

$$V=\frac{\pi d^2h}{4}$$

式中，圆柱体底面直径 d 和圆柱体的高 h 均是直接测量量，而体积 V 是间接测量量，需要利用直接测量量 d 与 h 代入公式求得。先求出 d 与 h 的平均值，体积的平均值 $\overline{V}$ 是

$$\overline{V}=\frac{\pi\overline{d}^2\overline{h}}{4}$$

第二步，求间接测量量的合成不确定度 U。

为使问题简单，决定间接测量量的各直接测量量的合成不确定度为 $U_1,U_2,\cdots,U_n$，由误差理论可知，间接测量量的绝对合成不确定度 U 的计算公式为

$$U=\sqrt{\left(\frac{\partial f}{\partial X_1}\right)^2U_1^2+\left(\frac{\partial f}{\partial X_2}\right)^2U_2^2+\cdots+\left(\frac{\partial f}{\partial X_n}\right)^2U_n^2}$$

第三步，间接测量量的数据处理结果。

间接测量量 Y 的最终结果应表示为

$$Y=\overline{Y}\pm U$$

$$E=\frac{U}{\overline{Y}}\times100\%$$

（置信概率 $P=68.3\%$）

例如，圆柱体的体积为 $V=\frac{\pi d^2 h}{4}$，已测得底面直径 d 的和柱高 h 分别为 $\overline{d}=23.24\pm 0.02(\mathrm{mm})$，$\overline{h}=60.10\pm 0.01(\mathrm{mm})$。请写出测量圆柱体体积的数据处理结果，π 取值 3.14。

解 $$\overline{V}=\frac{\pi}{4}\overline{d}^2\overline{h}=\frac{\pi}{4}\times 23.24^2\times 60.10=25\ 480.99(\mathrm{mm}^3)$$

$$U_V=\sqrt{\left(\frac{\pi}{2}\overline{dh}\right)^2 U_{\overline{d}}^2+\left(\frac{\pi}{4}\overline{d}^2\right)^2 U_{\overline{h}}^2}$$

$$=\sqrt{\left(\frac{\pi}{2}\times 23.24\times 60.10\right)^2\times 0.02^2+\left(\frac{\pi}{4}\times 23.24^2\right)^2\times 0.01^2}$$

$$=44.06(\mathrm{mm}^3)$$

$$V=(254.81\pm 0.44)\times 10^2(\mathrm{mm}^3)$$

$$E=\frac{U}{\overline{Y}}\times 100\%=0.17$$

（$P=68.3\%$）

综上所述，间接测量的数据处理步骤如下：

(1)求各直接测量量的真值（算术平均值）$\overline{X}_1,\overline{X}_2,\cdots,\overline{X}_n$。

(2)求间接测量量的平均值 $\overline{Y}$。根据公式各直接测量量的算术平均值来求得间接测量量 $\overline{Y}$。

(3)求各直接测量量的合成不确定度 $U_1,U_2,\cdots,U_n$。

(4)根据表达式，利用直接测量量的合成不确定度计算间接测量量的合成不确定度 U。

(5)写明数据处理的结果。

第五节 基本物理量的测量

基本物理量的测量是物理实验的基础。在进行物理量测量时，通常需要使用各种测量工具，如尺子、天平、温度计、秒表、电流表、电压表等。测量的结果包括数值和单位两部分，两者缺一不可。没有单位的物理量是没有意义的。有了测量数值后，物理量的单位尤其重要。物理量的单位通常是先规定出基本单位，其他单位从其与基本单位间的关系式推导而来。在国际上，规定了7个基本国际单位，其他计量单位均可由此导出见表1-1。

表1-1 国际单位(SI)

序号	1	2	3	4	5	6	7
物理量	长度	时间	质量	电流	热力学温度	发光强度	物质的量
单位名称	米	秒	千克	安培	开尔文	坎德拉	摩尔
单位符号	m	s	kg	A	K	cd	mol

本文主要介绍长度、时间、质量、温度、电流、发光强度6个基本单位的物理的测量的定义、测量范围和方法。

一、长度的测量

长度是最基本的物理量之一，长度的测量是获取物体或空间距离的具体数值的过程。长度的基本单位是米，m，其他长度单位都可根据与m的关系式用m来表示。在测量长度时，我们会用到各种测量工具，如直尺、卷尺、游标卡尺、螺旋测微器等。测量时，需要注意测量工具的精度、测量方法以及确保测量结果的可靠性。还需要注意单位的统一性，以便长度数值的比较和计算，方便进行数据处理。

在进行长度测量时，研究领域不同要求长度测量精度不同，使用的实验方法和测量仪器不同，在测量时有几点需要注意：

(1)选择合适的测量工具。根据测量对象的大小和所需的精确度，选择合适的测量工具。例如，对于较长的距离，使用卷尺或测距仪；而对于小的、精细物体的测量，如实验小球，使用游标卡尺或螺旋测微器。

(2)正确读取测量值。在读取测量值时，要确保视线与测量工具的刻度线垂直，以避免因视角偏差而产生的误差。同时，要注意测量工具的精度，读数包括可靠数字和可疑数字。

(3)重复测量并取平均值。为了提高测量的准确性，通常要求6～10次重复测量，并计算这些测量值的平均值，可减小随机误差对测量结果的影响。

(4)考虑环境因素。测量时，温度、湿度等环境因素也会对测量结果产生影响。因此，在进行精密测量时，需要考虑到这些因素的影响，并采取相应的措施进行校正。

二、时间的测量

时间是基本物理量之一，s 是国际单位的基本单位，时间的测量是人类为了记录事件发生的顺序和持续长短而发展出的一种方法。时间的基本单位是秒，s，其他的时间计量单位可根据与 s 的关系式用 s 来表示。在测量时间时，需要会用各种测量工具，如时钟、表、秒表等。测量时，可根据测量精度要求来选取合适的测量工具，方便进行数据处理。

最初，人们通过观察自然界的周期性事件，如太阳的东升西落、月亮的盈亏变化和季节的更替等来估计时间。随着人类文明的进步，人类发明了各种工具来更精确地测量时间，例如日晷、水钟、沙漏、机械钟表以及现代的原子钟等。这些工具和方法的出现，极大地提高了时间测量的准确性和便利性，对科学研究、日常生活和工业生产等方面产生了深远的影响。在现代社会中，时间的测量已经变得非常精确。无论是在科学研究、工业生产、交通运输，还是在日常生活中，时间的测量都扮演着至关重要的角色。

在科学研究领域，时间的精确测量对于物理学的发展至关重要。例如，在物理学中，时间的测量对于研究高速运动物体的相对论效应、测量光速等具有重要意义。

此外，在日常生活中，时间的测量也无处不在。我们使用手机、电脑等设备上的时钟来查看当前时间，使用日历来规划日程安排，使用计时器来记录烹饪时间等。时间的精确测量让我们能够更好地掌握时间，提高效率，享受更加便捷和有序的生活。

1955 年第一台铯原子频率标准在英国皇家物理实验室诞生了，每间隔 5 年左右，时标的精确度就提高一个数量级，时标精确度的发展史见表 2-1。

表 1-2　时标精确度的发展史

年份	1955	1960	1965	1970	1975
精确度/s	10^{-9}	10^{-10}	10^{-11}	10^{-12}	10^{-13}

随着时间测量精度的提高、测量技术的不断进步，新的频率标准也趋于实用化，原子钟将在 21 世纪为人类和平与进步发挥更大的作用。

时间测量包括时间间隔的测量和时刻的测量。测量某物质在某状态的瞬间是时刻的测量，测量物体变化的两个不同状态之间所经历的时间是时间间隔。

通常时间测量指在 $10^{-24}\sim10^{38}$ s 时间范围内的测量。实际测量中，根据实际情况，选择不同仪器和方法来测量时间。

在进行时间测量时，应注意以下几点：

(1)确保使用的计时器或时钟准确无误。

(2)在开始测量前，检查所有相关设备是否正常工作。

(3)如果是手动计时，请确保操作者反应迅速且一致。

(4)记录时间时，注意时间单位的一致性，比如 s、ms 等。

(5)尽量减少外界因素对测量结果的影响。

(6)如果是重复测量，确保每次测量的条件尽可能相同。

(7)在记录数据时，注意数据的完整性和准确性，避免遗漏或错误。

三、质量的测量

质量是物体惯性的量度，是基本物理量之一。在经典力学中，质量是一个标量，具有固定的数值，不随物体的位置或运动状态改变。在国际单位制中，质量的基本单位是千克，kg。1889 年，国际千克原器诞生，它为圆柱体，直径为 39 mm，材料是铂铱合金（$Pt_{0.9}Ir_{0.1}$），现今仍在国际计量局（法国巴黎）保存，物质质量的确定都能够通过与国际千克原器的质量比较来得到。

质量的范围可横跨 72 个数量级，小到纳米级的微观粒子，大到宇宙。但是我们常用的测量方法和手段可测范围为 $10^{-7}\sim10^{6}$ kg。常用的测量仪器有秤和天平。测量的基本原理都是引力平衡，所以测量值是引力质量。

在进行质量测量时，应注意以下几点：

(1)确保测量工具的准确性与校准，避免因设备误差导致的数据不准确。

(2)选择合适的测量方法，以确保测量结果的可靠性和有效性。

(3)在测量前，检查并确认测量环境是否稳定，避免环境因素对测量结果造成影响。

(4)对于测量数据，应进行多次测量并取平均值，以减小偶然误差。

(5)记录测量数据时，应详细记录所有相关信息，包括测量条件、时间、操作人员等。

(6)对于测量结果进行分析时，应使用适当的统计方法，以确保分析结果的科学性。

四、温度的测量

温度是衡量物体冷热程度的物理量，是基本物理量之一。通常用摄氏度，℃或华氏度，℉或开尔文，K 等单位来表示。在日常生活中，我们常用摄氏度来描述天气或物体的温度。例如，室温大约是 20 ℃，沸水的温度大约是 100 ℃。测量温度的常用仪器有各种温度计，如水银温度计、电阻温度计、温差电偶温度计、光学高温计等，温度计在使用时要确保对比热力学温标的偏差不超出允许的范围。

在进行温度测量时，应注意以下几点：

(1)确保温度计校准准确，以获取精确的读数。

(2)在测量前，应将温度计放置在待测环境中足够长的时间，以达到热平衡。

(3)避免将温度计直接暴露在阳光或热源下，以免影响测量结果。

(4)读取温度时，应确保温度计的读数稳定，避免读取过程中的波动。

(5)对于不同类型的温度计，如接触式或非接触式，应了解其适用范围和限制。

(6)在记录温度数据时，注意单位的统一和记录的准确性。

(7)定期检查温度计的性能，确保其在有效期内且没有损坏。

(8)在测量易挥发或有毒物质的温度时，应采取适当的安全措施。

(9)如果使用电子温度计，确保电池充足或设备充电充分，以避免中途断电影响测量。

五、电流的测量

电流是电学中的一个基本概念，指电荷在导体中定向移动的现象，是基本的物理量之一。电流的大小用电流强度表示，单位是安培，A。在电路中，电流的方向通常被规定为正电荷移动的方向，电流的产生需要电势差（电压），并且受到导体电阻的影响。在闭合电路中，电流的大小与电压成正比，与电阻成反比，这就是欧姆定律。在实验室测量电流时常用的仪器有电流表、检流计、万用表等。

在测量电流时，应注意以下几点：

(1)避免过载。在连接电流表之前，选择一个合适的量程以避免损坏仪表或测量不准确。

(2)断开电路。在连接电流表之前，应先断开电路电源，以确保安全。

(3)连接方式要正确。电流表串联在电路中，确保电流能够流过电流表。

(4)使用分流器。对于高电流测量，可能需要使用分流器来降低流过电流表的电流。

(5)注意极性。确保电流表的极性正确连接，否则可能会损坏仪表。

(6)避免接触裸露导线。在测量过程中，避免直接接触裸露的导线，以防触电。

(7)避免电路短路。在测量过程中，确保电路不会发生短路，这可能会导致电流表损坏或产生危险。

(8)使用合适的探针。使用适当的探针或夹具，确保良好的接触和准确的测量。

(9)定期校准。定期校准电流表以确保测量的准确性。

六、发光强度的测量

发光强度是光学单位，是基本的物理量之一。发光强度是指光源在特定方向上单位立体角内发出的光通量，是衡量光源发光能力的一个物理量。其国际单位制中的单位是坎德拉(Candela)，符号为 cd。发光强度的计算公式为

$$\text{发光强度}(I)=\text{光通量}(\Phi)/\text{立体角}(\Omega)$$

式中：光通量是光源发出的可见光的总和，立体角是光源发出光线所覆盖的空间角度。

发光强度不仅与光源本身的发光能力有关，还与其发光方向的光通量分布有关。在实际应用中，发光强度常用于描述光源在特定方向上的亮度以及光源在照明系统中的设计和应用。测量发光强度的常用仪器有陆末-布洛洪光度计、本生油斑光度计以及浦耳弗里许光度计等。

在进行光照强度测量时，请注意以下几点：

(1)确保使用的光度计或照度计校准准确，并定期进行校验。

(2)测量前应让仪器预热，以确保读数稳定。

(3)避免阳光或强烈光源直射仪器传感器，以免造成损坏或读数误差。

(4)在测量时，仪器应水平放置，传感器面向光源。

(5)确保测量环境无其他光源干扰，或记录下干扰光源的类型和强度。

(6)测量时应保持环境稳定，避免人员走动或物体移动影响测量结果。

(7)记录数据时，应包括测量时间、地点、环境条件等详细信息。

(8)测量结束后，应按照仪器说明书进行清洁和存储，以延长使用寿命。

第六节　实验数据处理的基本方法

了解物理实验的基本框架，有助于确保实验的科学性和准确性，完成一个物理实验主要包括以下几个步骤：

(1)明确实验目的。在开始实验之前，需要明确实验的目标和预期结果。

(2)设计实验方案。根据实验目的，设计实验步骤和所需材料、设备。

(3)预实验。进行初步实验，以测试实验方案的可行性，并对方案进行必要的调整。

(4)实施实验。按照设计的方案进行实验操作，记录实验数据和观察到的现象。

(5)数据处理。对收集到的数据进行整理和分析，使用适当的数学工具和统计方法。

(6)结果分析。根据数据分析结果，得出结论，并与预期目标进行对比。

(7)实验报告。撰写实验报告，详细记录实验过程、结果和分析以及可能的改进方向。

(8)讨论与总结。讨论实验中遇到的问题和实验结果的意义，总结实验经验。

在物理实验中，除了对各种物理量进行测量外，最重要的实验步骤就是对实验数据进行处理，下面介绍几种常用的实验数据处理方法，如列表法、作图法、逐差法、最小二乘法。

一、列表法

实验中往往会得到大量的数据，在总结规律时不容易直观地看出数据中隐藏的规律，把实验数据按照一定规律列成表格不但方便记录，能够避免数据混乱，还比较直观，容易快速找出数据间隐藏的客观规律。在设计表格过程中还能帮助实验者明晰实验原理和所要测量的物理量。实验前设计数据列表是一种良好习惯。按照实验要求设计空白表格要注意以下几点：

列表设计要简明、合理，不但要能记录完整的原始数据，还要能揭示相关物理量之间的关系。

列表中要表明所测物理量的名称、符号和单位，单位在首行物理量符号后表明即可，不必在数据栏内重复书写。

在记录数据时要注意测量结果的有效位数。建议记录原始数据不要做任何的计算，例如遇到结论为读数乘以分度值时，先不要乘以分度值，直接记录原始数据即可，原始数据记录表见表 1-3。可以把分度值放入单位中。

表 1-3　原始数据记录表

实验次数 n	1	2	3	4	5
主尺/mm	10	5	1	8	6
游标尺/mm	9	21	4	7	16
读数/mm	10.18	5.42	1.08	8.14	6.32

注：游标卡尺读数的精确度为 0.02 mm。

在列表中还要标注相关的说明和对应参数。例如表格名称、测量仪器的规格、准确度、实验条件(环境温度、湿度等)等信息。

二、作图法

利用列表法能够处理简单关系的实验数据，但对于复杂的实验数据，隐晦的关系就不能直接得出结论，而作图法可以直观地体现复杂数据间的关系。作图法是将实验数据以图形的方式展示出来，从几何图形中寻找待测物理量之间函数关系的方法。作图法还可利用图像的斜率、截距等进一步求出某些间接测量值。作图法得到的图像可以认为是大量实验数据的平均结果。利用校正曲线可以规避一些误差较大的实验错误数据。

我们将实验数据以各种图形的形式表达出来，经常会用平滑的曲线来表示实验结果。用曲线表示实验结果更“简洁、清晰、准确”。利用实验数据作图时，通常包括以下几个步骤：

(1)数据整理。收集实验数据，并将其整理成表格形式，确保数据的准确性和完整性。

(2)选择图表类型。根据数据的性质和分析目的，选择合适的图表类型。常见的图表类型包括柱状图、折线图、饼图、散点图等。

(3)绘制坐标轴。在坐标纸上或电子表格中绘制坐标轴，确定横轴(x 轴)和纵轴(y 轴)的刻度和范围，以适应数据的分布。

(4)标注数据点。将整理好的数据，在图表上用标记准确地标出数据点，如“×”“·”“△”和“○”等。

(5)连接数据点。如果使用折线图，需要将数据点按照顺序连接起来，形成折线。在物理实验中通常用直线或光滑的曲线来描述数据变化的趋势。

(6)添加标题。给图表添加一个描述性的标题。

(7)分析和解释。最后，通过观察曲线，分析数据点的分布、趋势和模式，并得出结论。

在使用作图法时，应确保图表的准确性和清晰性。根据需要，可以使用不同的颜色、标记或图案来区分数据集，增强图表的信息表达能力。

例如，下面是测小灯泡的伏安特性曲线实验中记录的数据列表，见表 1-4。

表 1-4　小灯泡的伏安特性数据记录表

编号	1	2	3	4	5	6	7	8
U/V	0.20	60	1.00	1.40	1.80	2.20	2.60	3.00
I/A	0.020	0.060	0.100	0.140	0.175	0.200	0.215	0.220
小灯泡发光情况	不亮		微亮		逐渐变亮		正常发光	

根据实验数据利用描点法制作的 I-U 图像，如图 1-4 所示。

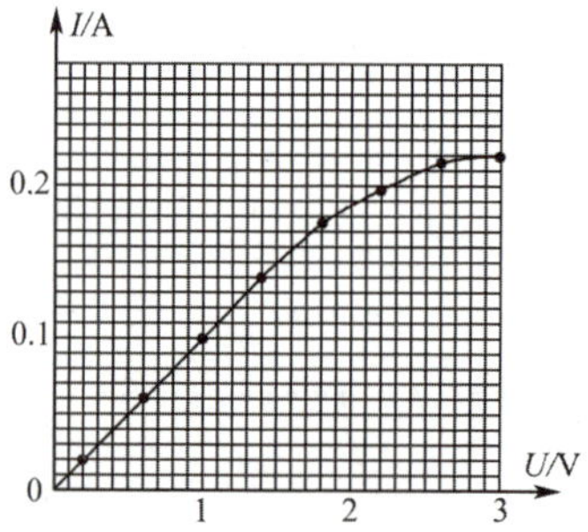

图 1-4　小灯泡的伏安特性曲线

通过图像我们可以直观、清晰地观察到小灯泡的电流和电压之间的关系。

三、逐差法

逐差法是通过计算序列中相邻项之间的差值，能够揭示序列内部的规律或趋势。在物理学中，逐差法常被用于分析实验数据，例如通过测量物体在不同时间点的位置差来计算其速度或加速度。

在物理实验中常会用逐差法进行数据处理。先得到偶数组的测量数据，然后分成前后两组，最后将对应项分别相减后再求平均值。

例如，对表 1-5 伏安法测量电阻的数据进行处理，应用逐差法求电阻值。

表 1-5　　测量电阻的电压和电流记录表

电压/V	0.0	1.0	2.0	3.0	4.0	5.0
电流/mA	0.0	9.8	20.0	30.4	41.0	50.0

解　将数据分为两组，隔 3 项逐差，再取平均值。

$$\Delta_3\overline{I}=\frac{\sum\Delta I_k}{3}=\frac{I_4-I_1+I_5-I_2+I_6-I_3}{3}=\frac{30.4+31.2+30.0}{3}=30.5(\text{mA})$$

$$R=\frac{\overline{\Delta_3 U}}{\overline{\Delta_3 I}}=\frac{3.0}{30.5}=98.4(\Omega)$$

利用逐差法求物理量，可以充分利用数据，消除一些定值系统误差，减小随机误差的影响。

四、最小二乘法

最小二乘法（最小平方法）是一种数学优化技术。它通过最小化误差的平方和寻找数据的最佳函数匹配。利用最小二乘法可以简便地求得未知的数据，并使得这些求得的数据与实际数据之间误差的平方和为最小。

下面介绍一种比较最简单的“线性回归”，通过记录一系统实验数据，求将这些数所反映的函数规律的解析方程式的方法称为方程的“回归”，该方程称为回归方程，其函数表达形式为

$$y=A+Bx \tag{1-10}$$

如果所有测量值都是等精度测量，假定方程中只有 y 是有测量误差的。现由实验测得一组数据

$$x=x_1,x_2\cdots x_n$$

$$y=y_1,y_2\cdots y_n$$

只要求得截距 A 和斜率 B，该方程就能确定下来。这里只给出 A、B 的公式，关于推导过程参考本节小贴士。

截距　$$A=\frac{\overline{xy}\cdot\overline{x}-\overline{x}^2\cdot\overline{y}}{\overline{x}^2-\overline{x}^2}$$

斜率　$$B=\frac{\overline{x}\cdot\overline{y}-\overline{xy}}{\overline{x}^2-\overline{x}^2}$$

最小二乘法因在实际中涉及的大多为线性问题，所以较直观、较简单、也比较准确。

小贴士

一、回归方程的确定

回归方程的形式为

$$y=A+Bx$$

各个测量值都是等精度的。假定在 x、y 中，只有 y 是有测量误差的。若测得一组数据

$$x=x_1,x_2\cdots x_n$$

$$y=y_1,y_2\cdots y_n$$

只要确定了常数 A 和 B，便知道了该直线方程，而 A 和 B 的值由计算机和比较高级的计算器是很容易求出的。

下面简中介绍一下 A、B 的推导过程：

将测得的数据代入式(1-24)中，并设 y 的测量偏差为

$$\varepsilon_1,\varepsilon_2\cdots\varepsilon_n$$

则有

$$\left.\begin{aligned} y_1-A-Bx_1&=\varepsilon_1\\ y_2-A-Bx_2&=\varepsilon_2\\ \cdots\cdots&\\ y_n-A-Bx_n&=\varepsilon_n \end{aligned}\right\}$$

式中的各式平方相加得

$$S=\sum_{i=1}^{n}\varepsilon_i^2=\sum_{i=1}^{n}(y_i-A-Bx_i)^2 \tag{1-11}$$

若使 $\sum\limits_{i=1}^{n}\varepsilon_i^2$ 有最小值，应该使 $\dfrac{\partial s}{\partial A}=0,\dfrac{\partial s}{\partial B}=0,\dfrac{\partial^2 s}{\partial A^2}>0,\dfrac{\partial^2 s}{\partial B^2}>0$，将式(1-11)分别对 A 和 B 求偏导，得以下两个方程

$$-2\sum(y_i-A-Bx_i)=0$$

$$-2\sum x_i(y_i-A-Bx_i)=0$$

$$n\overline{x}=\sum_{i=1}^{n}x_i$$

$$n\overline{y}=\sum_{i=1}^{n}y_i$$

$$n\overline{x^2}=\sum_{i=1}^{n}x_i^2$$

$$n\overline{xy}=\sum_{i=1}^{n}x_iy_i$$

则有

$$\begin{cases}\overline{y}-A-B\overline{x}=0\\ \overline{xy}-A\overline{x}-B\overline{x^2}=0\end{cases}$$

解方程组可得

$$A=\overline{y}-B\overline{x}$$

$$B=\frac{\overline{x}\cdot\overline{y}-\overline{xy}}{(\overline{x})^2-\overline{x^2}}$$

对于回归法处理数据，困难在于函数形式的选取，为了判断选取结果是否合理，在待定常数确定以后，需要计算一下相关系数 r，对于一元线性回归，r 定义为

$$r=\frac{\overline{xy}-\overline{x}\cdot\overline{y}}{\sqrt{(\overline{x^2}-\overline{x}^2)(\overline{y^2}-\overline{y}^2)}}$$

可以证明，r 的值总是在 0 与 ±1 之间，$|r|$ 就接近 1。说明数据分布越密集，实验数据越符合所求得的直线；相反，$|r|$ 越接近于 0，说明 x、y 的相关性越小．即用线性回归不妥，必须用其他函数重新试探。

二、国际温标

国际温标(ITS-90)是一种是用方便、容易实现，并与热力学温标高度一致的协议温标，1990 年，国际温标规定热力学温度(符号为 T)的单位为开尔文(符号为 K)。开尔文定义为水的三相点热力学温度的 1/273.16。摄氏温度(符号为 t)定义为 t/℃ = T/K − 273.15，摄氏温度的单位为摄氏度(符号为℃)，根据定义，它的大小等于开尔文。

第二章　基础实验

本章的实验项目是基础性实验，是对大学物理理论知识的应用，通过实验将理论与实践相结合。

实验一　物体长度与密度的测量

一、实验背景

在物理学中，测量是科学探索的基石。物体的长度和密度作为两个基本的物理量，在众多领域内扮演着至关重要的角色。无论是工程、建筑、制造业还是科学研究，精确的测量都是确保项目成功的关键因素。

长度测量是物理学中最基本的测量之一。长度测量的准确性直接影响到其他物理量的测量，如面积、体积等。在实验中，常用的长度测量工具有米尺、游标卡尺和螺旋测微计（千分尺）。米尺适用于较粗略的测量，而游标卡尺和螺旋测微计则能提供更高的精度。游标卡尺通过主尺和游标尺的配合使用，可以准确读到 0.1 mm 甚至更小的精度。螺旋测微计则通过旋转测微螺杆来测量长度，其精度可以达到 0.01 mm。

测量单位和工具的发展历史，反映出人类科学技术和社会文明发展演变的历程。古代，人民经常把自己肢体的某些部分作为长度的单位，例如：中国曾用“步”作为长度单位，例如“百步穿杨”中的“步”作为长度单位；英语单词 Feet（英尺）就起源于脚的长度。中国古代秦王朝第一次统一了全国的度量衡制，这有力地推动了生产和经济的发展。现在，国际上制定了一套统一的量度单位，叫作国际单位制（Systeme International Unites，SI）

密度是物质的基本属性之一，每种物质都有其特定的密度。密度测量在工业上有着广泛的应用，如成分分析和纯度鉴定。密度测量的原理是通过测量物体的质量和体积，然后利用公式密度＝质量/体积进行计算。常用的测量工具包括天平和量筒。天平用于测量物体的质量，而量筒则用于测量液体或规则固体的体积。对于不规则固体的体积测量，通常采用排水法，即通过测量物体排开水的体积来间接获得物体的体积。

通过物体长度与密度测量实验，我们不仅可以掌握基本的物理测量技能，还能深入理解测量原理及其在实际问题中的应用。这些实验技能不仅在科学研究中不可或缺，在日常生活和工业生产中也有着广泛的应用。例如，在建筑施工中，精确的长度测量是确保结构安全的重要前提；在材料科学中，密度测量则有助于我们了解材料的性质，从而更好地利用和改进材料。

二、实验目的

(1)了解和掌握各种测量工具的原理和使用方法。

(2)掌握测量物体长度和密度的基本方法。

(3)掌握有效数字的正确使用和测量不确定度的估算。

三、实验仪器

(1)游标卡尺。

(2)螺旋测微计。

(3)天平。

四、实验原理

(1)测量长度常用的方法是比较法。各种测量仪器提供不同精度的单位量，让待测物体分别与这些单位量进行比较，得到具有不同精度的测量值。

(2)物体的密度是指在某一温度时物体单位体积中所含物质的多少，公式为

$$\rho=\frac{m}{V} \tag{2-1-1}$$

式中：m 是物体的质量，V 是物体的体积，ρ 是物体的密度。

物体的质量 m 用电子天平称出，体积 V 由测出的长度并根据体积公式计算求得。

对于规则圆柱体，只要用游标卡尺测得圆柱体的高 h、直径 d，其体积可以通过物体的高和直径来求出，把各个量代入式(2-1-1)，即可求出密度

$$\rho=\frac{4m}{\pi d^2 h} \tag{2-1-2}$$

同样用螺旋测微计测出球体直径 d，即可求出其密度，公式为

$$\rho=\frac{6m}{\pi d^3} \tag{2-1-3}$$

五、实验步骤及内容

1. 测量金属球的直径与质量

(1)用螺旋测微计测得的零点修正值 D_0。

(2)测量金属球的直径，在不同位置测量 6 次，将 $\rho=\frac{4m}{\pi d^2 h}$ 数据填写表 2-1-1 中。

(3)用物理天平测量金属球质量,记作 M_1。

2. 测量金属圆筒的质量与体积

(1)用物理天平测量金属圆筒质量,记作 M_2。

(2)用游标卡尺测量金属圆筒的外直径、内直径与高度,将数据填写在表 2-1-2 中。

六、数据处理

长度和物体密度的测量 数据处理

在记录数据时,必须注意单位的使用和有效数字的保留,以确保测量结果的准确性和科学性。

1. 测量金属球直径

表 2-1-1　金属球的直径

	1	2	3	4	5	6	$\overline{D'}$
D'/mm							

螺旋测微计零点修正值 D_0(mm)$\Delta_{仪}=0.004$ mm

$$\overline{D}=\overline{D'}-D_0(\text{mm}) \tag{2-1-4}$$

$$\overline{D'}=\frac{1}{6}\sum_{i=1}^{6}D'_i(\text{mm}) \tag{2-1-5}$$

2. 金属球平均密度

金属球平均密度

$$\rho=\frac{6m}{\pi\overline{D'}^3}(\text{g/mm}^3) \tag{2-1-6}$$

3. 测量金属圆筒密度

(1)金属圆筒质量 M。

(2)金属圆筒外直径、内直径与高度。

表 2-1-2　金属圆筒的外直径、内直径与高度

	L/mm	d/mm	D/mm
1			
2			
3			
4			
5			
6			
测量平均值			
$S_{\overline{A}}$			

游标卡尺 $\Delta_{仪}=0.02$ mm

$$\overline{L}=\frac{1}{6}\sum_{i=1}^{6}L_i(\text{mm}) \tag{2-1-7}$$

$$\overline{D}=\frac{1}{6}\sum_{i=1}^{6}D_i(\text{mm}) \tag{2-1-8}$$

$$\overline{d}=\frac{1}{6}\sum_{i=1}^{6}d_i(\text{mm}) \tag{2-1-9}$$

$$S_{\overline{A}L}=\sqrt{\frac{1}{6(6-1)}\sum_{i=1}^{6}(L_i-\overline{L})^2} \tag{2-1-10}$$

$$S_{\overline{A}D}=\sqrt{\frac{1}{6(6-1)}\sum_{i=1}^{6}(D_i-\overline{D})^2} \tag{2-1-11}$$

$$S_{\overline{A}d}=\sqrt{\frac{1}{6(6-1)}\sum_{i=1}^{6}(d_i-\overline{d})^2} \tag{2-1-12}$$

$$U_B=\Delta_{仪} \tag{2-1-13}$$

$$U_L=\sqrt{S_{\overline{L}}^2+\Delta_{仪}^2}(\text{mm}) \tag{2-1-14}$$

$$U_D=\sqrt{S_{\overline{D}}^2+\Delta_{仪}^2}(\text{mm}) \tag{2-1-15}$$

$$U_d=\sqrt{S_{\overline{d}}^2+\Delta_{仪}^2}(\text{mm}) \tag{2-1-16}$$

$$L=\overline{L}\pm U_L(\text{mm}) \tag{2-1-17}$$

$$D=\overline{D}\pm U_D(\text{mm}) \tag{2-1-18}$$

$$d=\overline{d}\pm U_d(\text{mm}) \tag{2-1-19}$$

(3) 金属圆筒平均密度

$$\overline{\rho}=\frac{4M}{\pi(\overline{D}^2-\overline{d}^2)\overline{L}}(\text{g/mm}^3) \tag{2-1-20}$$

相对不确定度

$$E=\frac{U_\rho}{\rho}\times 100\%=\sqrt{\left(\frac{U_L}{\overline{L}}\right)^2+\left(\frac{2\overline{d}\cdot U_d}{\overline{D}^2-\overline{d}^2}\right)^2+\left(\frac{2\overline{D}\cdot U_D}{\overline{D}^2-\overline{d}^2}\right)^2+\left(\frac{U_M}{M}\right)^2}(\%) \tag{2-1-21}$$

不确定度

$$U_\rho=E\cdot\overline{\rho}(\text{g/mm}^3) \tag{2-1-22}$$

金属圆筒密度

$$\rho=\overline{\rho}\pm U_\rho(\text{g/mm}^3) \tag{2-1-23}$$

思考题

1. 在实验过程中使用螺旋测微计时如何减小误差？
2. 螺旋测微计的零点值在什么情况下为正，什么情况下为负？

小贴士

几种测量工具的简介

米尺的原理及使用

1. 米尺

米尺通常是塑料制品或者木制品，是人们认为的以 cm 为计量单位测量长度的尺子。若米尺的分度值为 1 mm，则用米尺测量长度时，可准确到 mm，然而 mm 下一位则需要估读。如图 2-1-1 所示，实验室中常选用的是温度系数小的卷尺和钢板尺。值得注意的是，在测量物体长度时，应确保尺子与被测物体平行放置，避免歪斜导致误差。

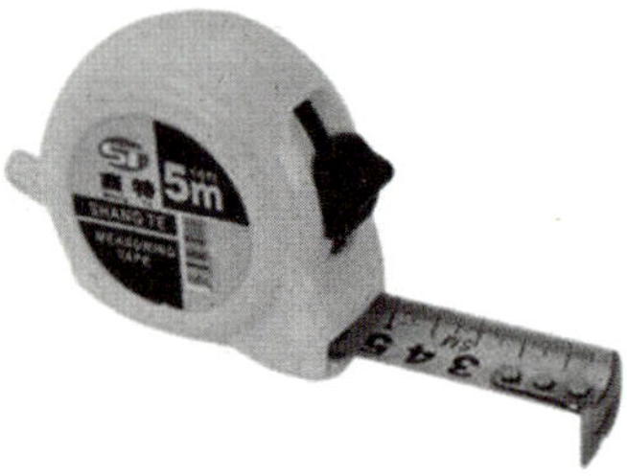

图 2-1-1 卷尺

2. 游标卡尺

游标卡尺是为了提高测量精度而采用的一种读数装置。游标卡尺有 3 种类型，分别为十分游标卡尺、二十分游标卡尺和五十分游标卡尺，他们对应的精度分别为 0.1 mm、0.05 mm 和 0.02 mm。游标卡尺结构示意图如图 2-1-2 所示，有一最小分度为 mm 的主尺 A 和套在 A 上可以滑动的游标尺 B。主尺左端有两个垂直于主尺长度的固定量爪 D 和 C，游标尺左端有两个垂直于主尺长度的活动量爪 C′和 D′，且有一测量深度的尾尺 E。游标尺上有一个止动螺丝 F，松开 F 可使游标尺沿主尺滑动。C′、D′和 E 都随游标尺一起移动。E 用来测量物体的深度，C 与 C′为外测量爪，可以测量外直径，D 与 D′为内测量爪，可以测量内直径。

游标卡尺的使用

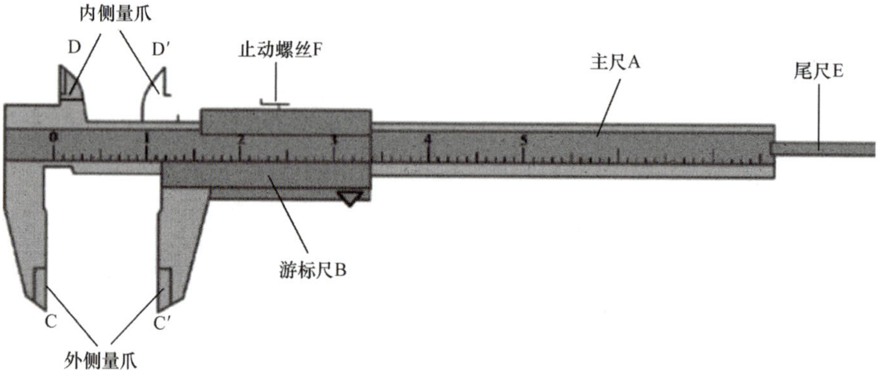

图 2-1-2 游标卡尺结构

游标卡尺的读数

在实验室中常见的是五十分度的游标卡尺，它的游标尺上每刻度的长度为 0.98 mm，比主尺上的每刻度短 0.02 mm，读数时正是利用了这 0.02 mm 的差值来准确地测量物体的长度。

如图 2-1-3 所示为五十分度游标卡尺测量物体长度位置，图中主尺分度为 6 mm，游标尺上的第二条刻度线刚好和它正上方主尺上的某条刻度线对齐，游标尺的零刻线和主尺的 6 mm 刻度线之间的差距为 2×0.02=0.04 mm。该被测物的总长度为主尺刻度+游标尺刻度=6 mm+0.04 mm=6.04 mm。

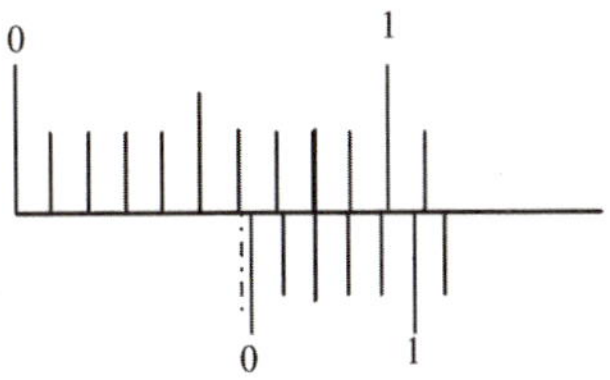

图 2-1-3　五十分度游标读数

使用游标卡尺时，应该左手拿待测物，右手握尺，用拇指按游标尺上凸起部位，或推或拉，把物体轻轻卡住即可。读数需要注意检查零刻度线是否对齐，以及在测量时避免过度用力导致测量误差。

3. 螺旋测微计

螺旋测微计是一种比游标卡尺精密度更高的长度测量仪器，采用的机器放大原理来提高测量精度。图 2-1-4 为螺旋测微计结构，固定套上刻有主尺，其主尺量程为 25.00 mm，分度值为 0.01 mm，最多可以估读到 0.001 mm。

螺旋测微器的使用

测量物体长度时，应轻轻转动微调旋钮。当测微螺杆与被测物体接触后的压力达到某一数值时，装置中的棘轮将进行滑动，并发出喀喀的响声。这时虽继续转动它，但微分筒已不再转动，测微螺杆也不再前进了。读数时先从主尺上读出整数格(每格 0.5 mm)，0.5 mm 以下的读数则由微分筒圆周上的刻度读出，估读到 0.001 mm 这一位上。

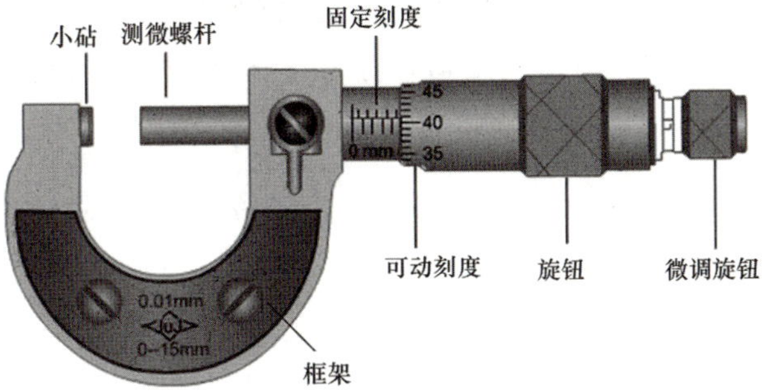

图 2-1-4　螺旋测微计结构

如图 2-1-5 所示为螺旋测微计测量物体长度位置，图中主尺为 3.5 mm，而微分筒旋转在比 38 格多出一些的位置，可以把它估读为 38.3，用已经读取的这个估读数值乘以分度值 38.3×0.01 mm=0.383 mm，加上主尺分度，这次测量的最终读数为 3.883 mm。

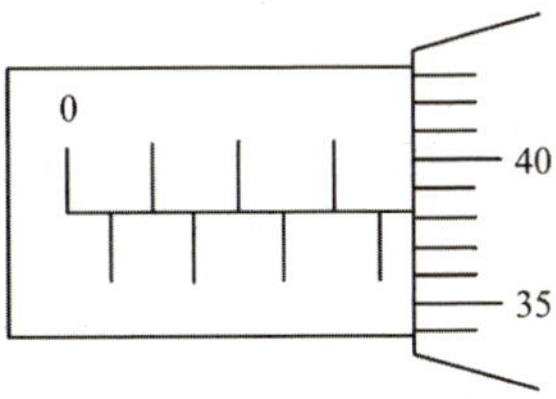

图 2-1-5　螺旋测微器读数

使用测微螺杆接近待测物时，要注意微分筒上的零刻线是否与主尺上的横线对齐，如果没有对齐，应记下修正值，并注意正负。不要直接旋转微分筒，而应旋转恒力装置，以免测量压力过大，甚至测微螺纹发生变形。用完后应使测微螺杆与测砧之间有一个间隙，避免热胀时损害测微螺杆上的精密螺纹。

4. 天平

物理天平的实质是杠杆原理中的等臂杠杆，使用天平时，需要先调节天平至水平状态，并确保称量时遵循“左物右码”的原则。

实验二　重力加速度的测量

一、实验背景

重力加速度是物理学中的一个重要常量，它在地球物理学、天文学、工程学等领域都有着广泛的应用。在地球物理学中，重力加速度的测量可以帮助我们了解地球的内部结构和地质特征。在天文学中，重力加速度是研究天体运动的关键参数。例如，通过测量行星表面的重力加速度，可以计算出行星的质量和密度，进而了解行星的形成和演化过程。它还在航空航天领域中有着重要作用，影响着飞行器的轨道计算和导航系统的精度。

测量重力加速度的实验背景正是基于这些实际需求产生的。科学家们通过不断改进实验方法和技术，力求更加准确地测量重力加速度的值，在物理学发展历程中，单摆实验被广泛应用于测量重力加速度。通过精确测量单摆的摆长和摆动周期，可以利用公式计算出当地的重力加速度值。这对于大地测量学、地球物理学等领域具有重要意义。

二、实验目的

(1)验证单摆的周期公式。

(2)掌握用单摆法测量本地区的重力加速度的方法。

(3)学习单摆实验仪的使用。

(4)练习不确定度的计算。

三、实验仪器

(1)单摆实验装置。

(2)米尺($\Delta_{米尺}=0.5$ mm)。

(3)游标卡尺(0～200 mm，$\Delta_{仪}=0.02$mm)。

(4)单摆实验仪。

四、实验原理

实验原理

对于单摆，其运动可以近似看作简谐振动，而单摆往返一次所需要的时间称单摆的周期(图 2-2-1)。可以证明，当 $\theta<5°$时，单摆的周期满足以下近似关系

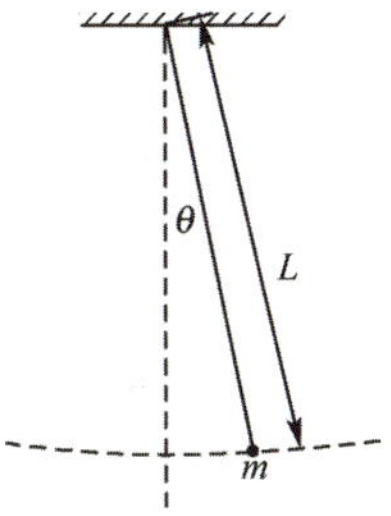

图 2-2-1 单摆原理

$$T=2\pi\sqrt{L/g} \qquad (2\text{-}2\text{-}1)$$

所以

$$g=4\pi^2 L/T^2 \qquad (2\text{-}2\text{-}2)$$

其中 $\theta=0$ 为摆长(悬点到摆球球心的距离),g 是重力加速度,若测得 L、T,利用式(2-2-2)可以计算出 g,这是测量重力加速度的一个简单而有效的方法。

五、实验步骤及内容

实验操作

1. 测量单摆长度 L

(1)调节单摆位置。使小球与光电门平齐。

(2)测量摆线长度。用米尺测量摆线长度,记作 L'。

(3)测量摆球直径。用游标卡尺测量摆球直径,记作 D。

(4)计算单摆长度 $L=L'+D/2$。单摆长度为悬点到摆球球心的距离。

2. 测量摆动周期

(1)调节单摆测试仪。

(2)摆角拉开到 $\theta(\theta<5^\circ)$ 的位置。

(3)放开手,用单摆实验仪计时。记录数据是单摆摆动的 10 个周期 T_{10}。

六、数据处理

数据处理

1. 测量摆长 L

其中摆长 $L=L'+D/2$。L' 是摆线长度,用米尺测量。D 是摆球直径,用游标卡尺测量,反复测量六次。数据填入表 2-2-1 中。

表 2-2-1 摆长测量数据表

测量次数 测量值	1	2	3	4	5	6
L_i'/m						
D_i/m						
$L_i=L_i'+\frac{D_i}{2}$/m						
$\overline{L}$/m						

2. 测量摆动周期

用秒表测定单摆摆动 10 次所需时间,然后用公式

$$T_i=\frac{T_{10i}}{10}(\mathrm{s}) \tag{2-2-3}$$

求出单摆摆动周期 T。重复测量 6 次，求出 T 的测量平均值，数据填入表 2-2-2。

表 2-2-2　　单摆周期测量数据表

测量次数 测量值	1	2	3	4	5	6
T_{10i}/s						
$T_i=\frac{T_{10i}}{10}/\mathrm{s}$						
$\overline{T}/\mathrm{s}$						

3. 计算实验结果及不确定度

（1）重力加速度的最佳估计值

$$\overline{g}=\frac{4\pi^2\overline{L}}{\overline{T}^2} \tag{2-2-4}$$

（2）不确定度的计算

①L 的不确定度

因为 $L=L'+\frac{D}{2}$ 是和差形式的函数，所以

$$U_L=\sqrt{U_{L'}^2+\left(\frac{U_D}{2}\right)^2} \tag{2-2-5}$$

其中

$$S_{\overline{A}L'}=\sqrt{\frac{1}{6(6-1)}\sum_{i=1}^{6}(L'_i-\overline{L}')^2} \tag{2-2-6}$$

$$U_{BL'}=\Delta_{米尺}=0.5(\mathrm{mm}) \tag{2-2-7}$$

$$U_{L'}=\sqrt{S_{\overline{A}L'}^2+U_{BL'}^2} \tag{2-2-8}$$

$$S_{\overline{A}D}=\sqrt{\frac{1}{6(6-1)}\sum_{i=1}^{6}(D_i-\overline{D})^2} \tag{2-2-9}$$

$$U_{BD}=\Delta_{仪}=0.02\ \mathrm{mm} \tag{2-2-10}$$

$$U_D=\sqrt{S_{\overline{A}D}^2+U_{BD}^2} \tag{2-2-11}$$

②T 的不确定度

单摆周期 $\overline{T}$ 的不确定度

$$U_T=\sqrt{S_{\overline{A}T}^2+U_{BT}^2} \tag{2-2-12}$$

其中

A 类不确定度

$$S_{\overline{A}T}=\sqrt{\frac{1}{6(6-1)}\sum_{i=1}^{6}(T_i-\overline{T})^2} \tag{2-2-13}$$

B 类不确定度

$$U_{BT}=\Delta_{秒表}=0.01(s) \tag{2-2-14}$$

③g 的不确定度

$$U_g=\overline{g}\sqrt{\left(\frac{U_L}{\overline{L}}\right)^2+4\left(-\frac{U_T}{\overline{T}}\right)^2} \tag{2-2-15}$$

重力加速度的最终实验测量结果为

$$g=(\overline{g}\pm U_g) \tag{2-2-16}$$

注意事项

(1)摆线长度一般在 1 m 左右，摆线的上端应固定夹紧，以免摆动时发生摆线下滑、摆长改变的现象。

(2)摆球摆动时，要使之保持在同一个竖直平面内，不要形成圆锥摆。

(3)计算单摆的振动次数时，应以摆球通过最低位置时开始计时，以后摆球从同一方向通过最低位置时进行计数，且在数“零”的同时按下秒表，开始计时计数。

(4)计算摆长 L 时，应注意摆长 L 由摆线长度 L' 和小球直径 D 两部分计算得出，L' 和 D 的有效数字取位不同，计算时应注意有效数字的运算规则。

思考题

1. 影响本实验精确度的因素有哪些？

2. 将小球换为较轻的材质，其他实验条件不变的前提下，对实验有什么影响？

小贴士

一、单摆法测量重力加速度仪器详解

1. 单摆装置

根据图 2-2-2 所示，我们可以清晰看出单摆实验装置的整体结构。

摆球：一般选择密度较大、质量相对较重且直径较小的金属球，如钢球，这样可以减小空气阻力对摆球摆动的影响，使实验结果更准确。例如，直径约 1 cm 过圆心有一小孔的钢球就比较合适。

细线：需要细且不易伸长的线，如尼龙丝线，长度通常约 1 m。细线的质量要尽可能轻，以减小对摆球运动的影响。同时，摆线的弹性也要小，避免因摆线的伸缩导致摆长发生变化。

2. 测量长度的仪器

米尺或钢卷尺(图 2-2-3)：用于测量单摆的摆长。摆长是指从悬点到摆球球心的距离，在

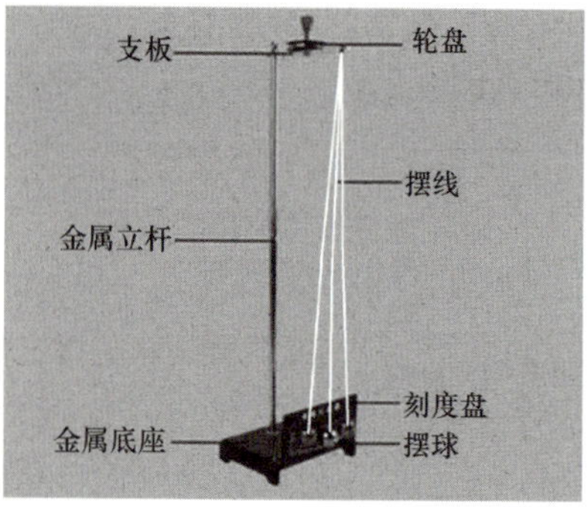

图 2-2-2 单摆实验装置

测量时需让米尺与悬线平行，尺上端的零刻度线与过悬点的水平线重合，尺下端与小球相切，切点处的读数即为摆线长度。也可以用米尺先测出摆线的长度，再用游标卡尺或两把三角尺测出小球的直径，摆线长加小球半径就是摆长，米尺的精度一般为 0.05 cm 或 0.1 cm。

游标卡尺(图 2-2-4)：用于精确测量摆球的直径，其精度通常为 0.02 cm 或更高。通过测量摆球的直径，可以更准确地计算摆长。

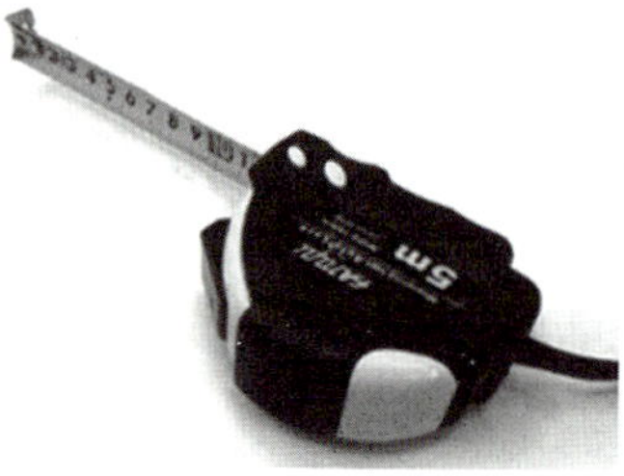

图 2-2-3 钢卷尺

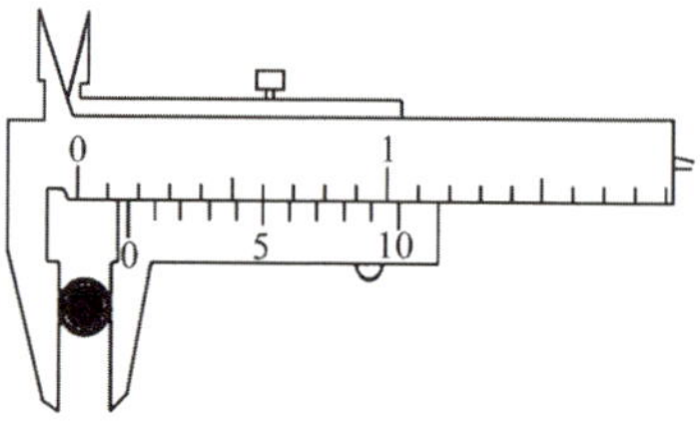

图 2-2-4 游标卡尺

3. 测量时间的仪器

单摆实验仪(图 2-2-5)：用来记录单摆完成多次全振动所用的时间。

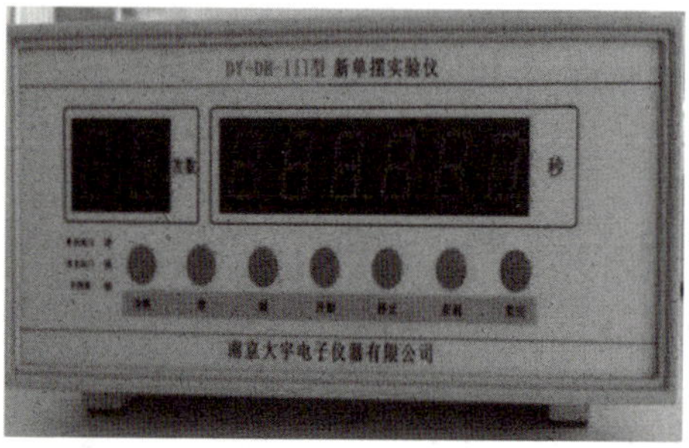

图 2-2-5 单摆实验仪

(1)插入电源。

(2)“功能”。选择单光电门。

(3)“增”和“减”。选择测量周期次数。

(4)“开始”。计量开始。

(5)“停止”。测量结束后，按下停止。

(6)“查询”。查询时间为10个周期。

(7)“复位”。测量结束，恢复初始状态。

4. 固定和支撑装置

铁架台：提供稳定的支撑，将单摆固定在一定高度，使其能够自由摆动。铁架台要放置在平稳的桌面上，确保实验过程中不会晃动。

铁夹：用于将摆线的上端固定在铁架台上，防止摆线松动或移位。铁夹要夹紧摆线，但不能对摆线造成过度挤压或损伤。

5. 其他辅助器材

小球穿线工具(如细针)：如果摆球上的小孔较小，可借助细针等工具将细线穿过小孔，以便制作单摆。

水平仪：在安装铁架台时，可使用水平仪来确保铁架台处于水平状态，保证单摆能在竖直平面内摆动，避免形成锥摆而影响实验结果。

二、单摆法测量重力加速度实验操作步骤详解

1. 实验准备

(1)选取合适的实验器材，包括一个小球、一根细线、刻度尺、秒表、铁架台等。

(2)检查小球是否规则，细线是否柔软且不可伸长，秒表是否正常工作等。

2. 安装单摆

(1)将细线一端系在小球上，另一端固定在铁架台上，组成单摆。

(2)调整细线长度，使小球自然下垂时，摆线与竖直方向夹角尽量小(5° 以内)，以确保单摆做简谐运动。

3. 测量摆长

(1)用刻度尺测量细线长度，记为 L。

(2)测量小球的直径，记为 D。

(3)则单摆的摆长 $L=L'+D/2$。

4. 测量周期

(1)将小球拉至某一角度(5° 以内)，使其在竖直平面内摆动。

(2)当小球通过平衡位置时开始计时，用秒表记录小球完成10次全振动所用的时间。

(3)单摆的周期 $T=\dfrac{t}{n}$。

5. 计算重力加速度

(1)根据公式 $g=4\pi^2L/T^2$，将测量得到的摆长 L 和周期 T 代入公式。

(2)进行计算，求出重力加速度 g 的值。

6. 数据处理与误差分析

(1)多次测量摆长和周期，求平均值以减小误差。

(2)分析可能产生误差的原因,如摆长测量不准确、计时误差、空气阻力影响等。

三、单摆测量重力加速度实验相关应用

单摆法测量重力加速度在以下领域有相关应用:

(1)物理学研究:帮助深入理解重力的性质和规律,验证与重力相关的理论和公式。

(2)地球物理学:对地球不同地区的重力加速度进行测量,可了解地球内部的密度分布等信息,这对于研究地球的结构、地质构造等具有重要意义。

(3)导航和定位系统:虽然现代导航系统主要依赖卫星技术,但在某些特定情况下,例如在卫星信号受到干扰或无法使用时,对当地重力加速度的了解可以作为一种辅助手段来进行粗略的定位和导航。

(4)工程设计:在一些需要考虑重力影响的工程设计中,如大型桥梁、高塔、起重机等的设计和稳定性分析,准确的重力加速度数据是必要的。

在实际应用中,通过单摆法测量重力加速度时,需要注意尽量减小误差,例如选择合适的摆长、摆球,控制摆角,精确测量时间和长度等,以获得更准确的结果。同时,对于精度要求较高的情况,可能需要采用更复杂的测量方法或结合其他技术手段来进行测量和校准。

四、单摆测量重力加速度实验相关物理竞赛

在一些物理竞赛中,可能会涉及单摆法测量加速度的相关实验或问题。例如,全国中学生物理竞赛的实验部分可能会包含单摆实验。该竞赛是在中国科协的领导下,由中国物理学会主办,各省、自治区、直辖市自愿参加的群众性的课外学科竞赛活动。竞赛内容通常包括理论和实验两部分,旨在促进中学生提高学习物理的主动性和兴趣,改进学习方法,增强学习能力等。

另外,首届全国大学生物理实验竞赛(创新赛)中,也有与单摆测量重力加速度相关的获奖作品。例如,武汉大学的获奖作品“小角度单摆测量重力加速度的探究”,该作品借鉴迈克尔孙干涉仪思路,搭建了摆角小于0.1°的单摆重力加速度测量装置。

这些竞赛通常要求学生对单摆法测量加速度的原理有深入理解,并能在实验中精确操作和测量,同时对实验数据进行准确分析和处理。具体的竞赛题目和要求可能会因不同年份和赛事而有所变化。

实验三　扭摆法测量刚体转动惯量

一、实验背景

转动惯量是描述物体转动惯性大小的量度，它与物体质量的分布、形状以及转轴的位置有关。对于给定的力矩，转动惯量越大，物体的角加速度越小，表现出更大的惯性。

18 世纪数学界的杰出人物欧拉运用微积分把牛顿的动力学理论系统化和精确化，在运动学方面，提出了刚体运动分解的思路，给出了刚体转动的描述方法（欧拉角）；在动力学方面，有了动量矩定理的思想，引入惯性矩的概念并给出计算实例，提出了刚体运动动力学方程（欧拉方程），并求出一种特殊条件下的积分解。[①] 欧拉不仅在刚体动力学的理论发展中起到了关键作用，而且他的工作也为理解和计算转动惯量这一概念提供了基础。通过欧拉的研究，我们能够更好地理解物体在旋转时的行为和动力学特性。

转动惯量不仅在理论物理学中占有基础地位，而且在现代工程技术中有着广泛的应用。从航空航天到机器人技术，再到能源系统和车辆工程，转动惯量的精确计算和控制对于提高系统性能和安全性起着决定性作用。在工业机器人的设计和控制中，转动惯量影响机器人的动态响应和精确度。控制系统必须能够准确地识别和补偿各个关节的转动惯量，以实现平滑和精确的运动。在汽车设计中，转动惯量影响车辆的操控性能和乘坐舒适性。例如，汽车磁粉离合器的设计需要考虑到转动惯量，以适应发动机的高转速工作范围并保持紧凑的体积。随着技术的不断进步，转动惯量的测量和控制方法也在不断发展，以满足更加严格的应用需求。

二、实验目的

（1）探究利用扭摆装置测定弹簧扭转常数的方法。

（2）学习测量规则几何形体（刚体）的转动惯量，并通过对比理论预测值与实测值来评估百分比误差。

（3）通过实验验证平行轴定理的正确性。

三、实验仪器

（1）转动惯量测试仪（含主机、光电传感器两部分）。

（2）扭摆装置。

（3）待测物体（载物金属盘、金属圆筒、实心塑料圆柱体、金属细杆、金属滑块）。

①陈立群．理论力学课程中的历史人物及其相关工作[J]．力学与实践，2012，34(03)：70-74．

四、实验原理

实验原理

1. 转动惯量、扭转常数和周期关系

扭摆运动具有角简谐振动的特性，角加速度与角相移成正比，且方向相反。此简谐振动的周期为

$$T=\frac{2\pi}{\omega}=2\pi\sqrt{J/K} \tag{2-3-1}$$

式中：J 代表转动惯量，K 代表弹簧系数。

由上式可知，只要实验测得物体扭摆的摆动周期，并在 J 和 K 中任何一个量已知时即可计算出另一个量。

2. 具体测量方法

假设塑料圆柱体转动惯量的理论值与实验值相等

$$J_1=J_1'=\frac{(T_1^2-T_0^2)K}{4\pi^2}=\frac{1}{8}m_1D^2 \tag{2-3-2}$$

可以算出弹簧系数 K。

将 K 代入 J_0，则可得到载物盘的转动惯量为

$$J_0=\frac{J_1'T_0^2}{T_1^2-T_0^2} \tag{2-3-3}$$

将金属圆筒置于载物盘上的摆动周期为 T_2，可计算得到金属圆筒的转动惯量

$$J_2=\frac{1}{4\pi^2}\overline{T}_2^{\,2}\cdot K-J_0 \tag{2-3-4}$$

与金属圆柱转动惯量的理论值比较

$$J_2'=\frac{1}{8}m_2\cdot(D_{内}^2+D_{外}^2) \tag{2-3-5}$$

可求得相对误差

$$E=\left|\frac{J_2-J_2'}{J_2'}\right|\times 100\% \tag{2-3-6}$$

3. 转动惯量平行轴定理

理论分析证明，若质量为 m 的物体绕通过质心轴的转动惯量为 J_0 时，当转轴平行移动距离为 X 时，则此物体对新轴线的转动惯量变为

$$J=J_0+mX^2 \tag{2-3-7}$$

式(2-3-7)称为转动惯量的平行轴定理。

五、实验步骤及内容

实验操作

(1)调节扭摆，使水平仪中的气泡居中。

(2)安装金属载物盘，调节光电探头位置，打开测试仪，因使用仪器的默认状态，所以不需要调节其他旋钮。

(3)测量物体的摆动周期，将金属载物盘转过一定角度，让被测物自由摆动，按下执行键，测试仪开始计时，待屏幕计时停止，该时间即为载物盘摆动十个周期的时间。

(4)放上其他被测物，用同样方法测量其周期。将上述测量数据填入表 2-3-1。

(5)将滑块对称放置在细杆两边的凹槽内，此时滑块质心离转轴的距离 $L_{杆}$ 分别为 5.00 cm、10.00 cm、15.00 cm、20.00 cm、25.00 cm，测定摆动周期 T。验证转动惯量平行轴定理(在计算转动惯量时，应扣除支架的转动惯量)。将测量数据填入表 2-3-2。

表 2-3-1　测量规则刚体沿转轴的转动惯量

物体名称	质量/kg	几何尺寸 $/10^{-2}$ m		周期/s		转动惯量理论值 $/10^{-n}$kg·m²	实验值 $/10^{-n}$kg·m²
金属载物盘＋支架轴				$T_{0总}$			$J_0=\dfrac{J_1'\overline{T}_0^2}{\overline{T}_1^2-\overline{T}_0^2}$
				$\overline{T}_0$			
塑料圆柱		$\overline{D}_1$		$T_{1总}$		$J_1'=\dfrac{1}{8}m\overline{D}_1^2$	$J_1=\dfrac{(\overline{T}_1^2-\overline{T}_0^2)K}{4\pi^2}$
		$\overline{D}_1$		$\overline{T}_1$			
金属圆筒		$D_{外}$		$T_{2总}$		$J_2'=\dfrac{1}{8}m(\overline{D}_{外}^2+\overline{D}_{内}^2)$	$J_2=\dfrac{\overline{T}_2^2K}{4\pi^2}-J_0$
		$\overline{D}_{外}$					
		$D_{内}$					
				$\overline{T}_2$			
		$\overline{D}_{内}$					
实心球		D_3		$T_{3总}$		$J_3=\dfrac{1}{10}m\overline{D}_3^2$	$J_2=\dfrac{\overline{T}_3^2K}{4\pi^2}-J_{支座}$
		$\overline{D}_3$		$\overline{T}_3$			
金属细杆		L		$T_{4总}$		$J_4=\dfrac{1}{12}m\overline{L}^2$	$J_4=\dfrac{\overline{T}_4^2K}{4\pi^2}-J_{夹具}$
		$\overline{L}$		$\overline{T}_4$			

木球支座转动惯量实验值参考数值为 0.321×10^{-4} kg·m²。

夹具转动惯量为 0.215×10^{-4} kg·m²。

表 2-3-2 验证刚体的平行轴定理

$X/10^{-2}$ m	5.00	10.00	15.00	20.00	25.00
摆动周期 T/s					
$\overline{T}$/s					
实验值/10^{-4} kg·m^2 $J=\frac{T^2K}{4\pi^2}$					
理论值/10^{-4} kg·m^2 $J'=J_4=2mx^2+J_5$					
百分差					

J_4 为金属细杆的转动惯量。

滑块的总转动惯量为

$$J_5=2\left[\frac{1}{16}m_{滑}(D^2_{滑块外}+D^2_{滑块内})+\frac{1}{12}m_{滑块}L^2_{滑块}\right] \tag{2-3-8}$$

六、数据处理

1. 计算弹簧系数 K

数据处理

塑料圆柱体转动惯量的理论值

$$J'_1=\frac{1}{8}m_1D^2(\text{kg}\cdot\text{m}^2) \tag{2-3-9}$$

由 $J_1=J'_1$ 得

$$\frac{(\overline{T}^2_1-\overline{T}^2_0)K}{4\pi^2}=\frac{1}{8}m_1D^2 \tag{2-3-10}$$

由此可计算弹簧系数 K

$$K=4\pi^2\frac{J'_1}{\overline{T}^2_1-\overline{T}^2_0}(\text{N/m}) \tag{2-3-11}$$

2. 计算规则几何形体(刚体)的转动惯量

通过对比理论预测值与实测值来评估百分比误差。

将 K 代入 J_0,则载物盘的转动惯量

$$J_0=\frac{J'_1\overline{T}^2_0}{\overline{T}^2_1-\overline{T}^2_0}(\text{kg}\cdot\text{m}^2) \tag{2-3-12}$$

金属圆筒的转动惯量

$$J_2=\frac{1}{4\pi^2}\overline{T}^2_2\cdot K-J_0(\text{kg}\cdot\text{m}^2) \tag{2-3-13}$$

金属圆柱转动惯量的理论值为

$$J'_2=\frac{1}{8}m_2\cdot(\overline{D}^2_{内}+\overline{D}^2_{外})(\mathrm{kg\cdot m^2}) \tag{2-3-14}$$

测量值与理论值比较，计算得到相对误差

$$E=\left|\frac{J_2-J'_2}{J'_2}\right|\times100\% \tag{2-3-15}$$

3. 验证平行轴定理

注意事项

(1)弹簧的扭转常数 K 值不固定，与摆角有关，角度越小，K 值越小。实验中摆角应大致保持 90°，不宜过小，摆幅也不宜变化过大。

(2)光电探头应置于挡光杆平衡位置处，挡光杆不得与其接触，以免增大摩擦力矩。

(3)注意物理天平的正确使用方法。

(4)扭摆在使用前应调节水平。

(5)在安装待测物体时，其支架必须全部套入扭摆主轴(被测物嵌入金属载物盘)，并将止动螺丝旋紧。

思考题

1. 如何测量任意形状物体对特定轴的转动惯量？

2. 扭摆启动时摆角要在 90°左右，为什么？

小贴士

1. 转动惯量测试系统的构成

转动惯量测试系统由两大部分构成：主机和光电传感装置，如图 2-3-1 所示。主机采用了先进的单片机控制系统，其功能在于精确测量物体的旋转和摆动周期，同时还能记录旋转体的速度，并可自动存储多组实验数据。光电传感装置的核心组件是红外发射器和红外接收器，它们负责将接收到的光信号转换为脉冲电信号，进而传递给主机进行处理。由于人眼无法直接观察仪器的工作状态，因此我们通常采用遮挡光电探头光束的方式，通过观察计时器是否开始计数以及达到预定周期数时是否停止计数，来判断仪器是否正常运作。此外，为了保护光电探头免受强光干扰，实验过程中需采取遮光措施，如使用窗帘遮挡外部光线，以确保计时的精度不受影响。

2. 扭摆运动具有角简谐振动的特性

在水平面上内物体旋转角度 θ 后，由于弹簧的恢复力矩，物体开始绕垂直轴进行往复扭转运动。由虎克定律可知，弹簧因扭转所产生的恢复力矩 M 与旋转的角度 θ 之间存在线性关系，即

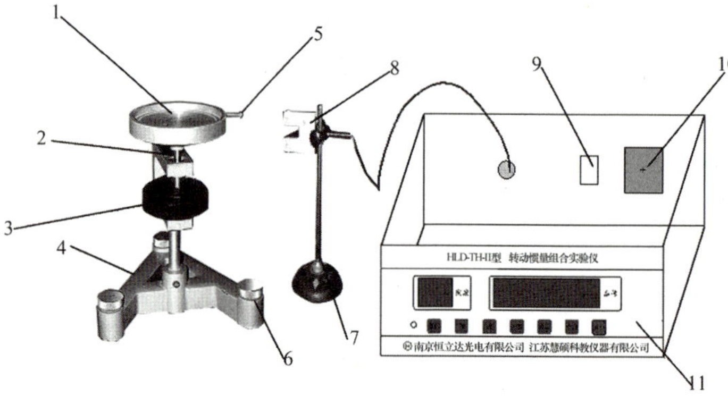

图 2-3-1 转动惯量测试系统

1—载物盘；2—转动轴；3—弹簧；4—A 型底座；5—挡光片；6—调节底角；7—光电门座；8—光电门；9—电源开关；10—电源插座；11—毫秒计前面板

$$M=-K\theta \tag{2-3-16}$$

K 为弹簧扭转常数，根据转动定律

$$\beta=\frac{M}{J} \tag{2-3-17}$$

式中：β 为角加速度，J 为物体绕转轴的转动惯量，若令 $\omega^2=K/J$，忽略轴承的磨擦阻力矩，由上述得

$$\beta=\frac{d^2\theta}{dt^2}=-\frac{K\theta}{J}=-\omega^2\theta \tag{2-3-18}$$

该方程表示扭摆运动具有角简谐振动的特性，角加速度与角相移成正比，且方向相反。此方程的解为 $\theta=A\cos(\omega t+\varphi)$。式中：$A$ 为谐振动的角振幅，φ 为初相位角，ω 为角速度，此谐振动的周期为

$$T=\frac{2\pi}{\omega}=2\pi\sqrt{J/K} \tag{2-3-19}$$

具体测量时：

空载物盘的摆动周期为 T_0，它的转动惯量为：

$$J_0=\frac{T_0{}^2K}{4\pi^2} \tag{2-3-20}$$

将塑料圆柱体放在载物盘上，摆动周期变为 T_1，总转动惯量为

$$J_{总}=J_0+J_1=\frac{T_1^2K}{4\pi^2} \tag{2-3-21}$$

塑料圆柱体的转动惯量为

$$J_1=\frac{(T_1^2-T_0^2)K}{4\pi^2} \tag{2-3-22}$$

塑料圆柱体的转动惯量的理论值

$$J_1'=\frac{1}{8}m_1D^2 \tag{2-3-23}$$

假设塑料圆柱体转动惯量的理论值与实验值相等，即可求得弹簧的扭转系数。

3. 三线摆法测量刚体转动惯量

三线摆法是一种经典的实验方法，用于测量物体的转动惯量。该方法基于物体绕固定轴的扭转振动，通过测量振动周期和相关几何参数，可以计算出物体的转动惯量。

三线摆由两个圆盘组成，上圆盘固定，下圆盘可绕中心轴转动。三条等长的悬线将两圆盘连接成等边三角形，如图 2-3-2 所示。当下圆盘绕中心轴转动时，由于惯性，会产生扭转振动。通过测量振动周期，可以根据能量守恒定律和刚体转动定律计算出物体的转动惯量。

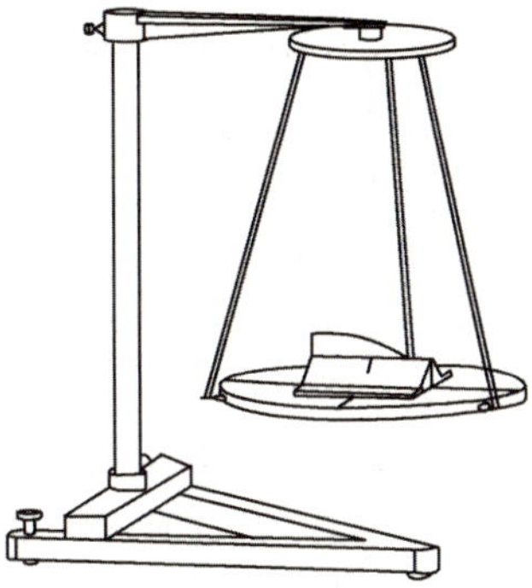

图 2-3-2　三线摆实验装置

实验四　板式电位差计测量电池电动势

一、实验背景

电位差计的发展背景最早可以追溯到 19 世纪末期，当时人们开始研究电学现象并开发相应的仪器来测量它们。最早的电压计使用的是金属线或金属箔作为感应电场的电阻器。1905 年，美国物理学家乔治·希尔斯·坎贝尔发明了一种能够在不断电的情况下测量电势差的仪器。板式电位差计是一种用于精确测量电池电动势和内阻的重要工具，广泛应用于物理实验和科学研究中。通过对电池电动势和内阻的测量，可以全面评估电池的性能和状态，为电池的应用提供重要的技术支持。

测量电池的电动势是电化学和物理实验中的一项基本任务。电动势是电池内部化学能转化为电能的度量标准，对于理解电池的性能和状态至关重要。传统的测量方法通常使用电压表直接读取电池两端的电压，但这只能测量电池在负载条件下的端电压，无法准确反映电池的开路电动势，即电池在没有电流通过时的电动势。这是因为电池存在内阻，当有电流通过时，电池内部会产生电压降，导致测量值偏低。

为了克服这一问题，科学家和工程师们发展出了补偿法，这是一种通过使电池内部无电流通过来测量其电动势的方法。板式电位差计正是基于这一原理设计的测量仪器。它通过比较待测电池的电动势与一个已知的标准电池的电动势来实现精确测量。板式电位差计利用一个粗细均匀的电阻丝作为测量元件，通过调节电阻丝上的电压降，使得检流计指针指零，即电路中无电流通过，从而实现电动势的准确测量。

这种测量方法不仅提高了测量的精度，还使得测量过程更加直观和易于操作。板式电位差计在教学和科研中都有广泛的应用，帮助学生和研究人员深入理解电池的工作原理和电学测量的基本方法。通过这一实验，不仅可以掌握补偿法测电动势的技术，还能培养学生的实验技能和问题解决能力，为未来的学习和研究打下坚实的基础。

二、实验目的

1. 掌握电位差计结构特点与工作原理。
2. 掌握板式电位差计测量干电池的电动势。

三、实验仪器

直流电位差计、直流电位差计实验仪、万用表、导线若干

四、实验原理

1. 电位差计补偿原理

实验原理

在图 2-4-1 所示的电路中，E_x 是待测电源，E_0 是可调电源，E_x 与 E_0 通过检流计 G 并联在一起。当 $E_0 > E_x$ 或者 $E_0 < E_x$ 时，检流计指针偏转，当调节 E_0 的大小至检流计指针不发生偏转，即电路中没有电流时，两个电源在回路中互为补偿，电动势大小相等，方向相反，即 $E_x = -E_0$，电路达到平衡。若已知平衡状态下 E_0 的大小，就可以确定 E_x 的值。这种测定

电源电动势的方法叫作补偿法。

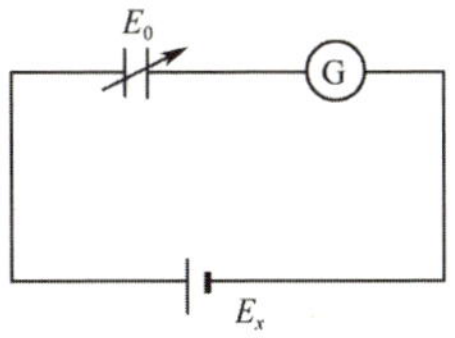

图 2-4-1　补偿法原理

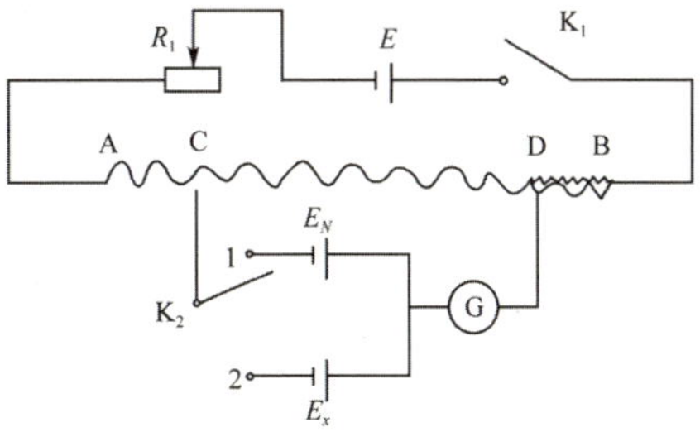

图 2-4-2　电位差计基本原理

2. 电位差计定标

利用标准电源高精确度的特点，使得工作回路的电流能准确达到某一标定值，这个调整过程叫作电位差计的定标。单位长度的电压降 $U_N=E_N/L_0$，L_0 为 CD 的长度，要求每米电阻丝上的电压降为 0.1000 V/m（运算中作常数处理），则可计算出 CD 的长度 $L_0=E_N/0.1$，确定了 CD 的长度后，通过调节 R_n 使检流计中无电流通过，即调节好工作电压（或工作电流）。

五、实验步骤及内容

1. 电流标准化调节

按图 2-4-2 所示连接导线，将工作电源、标准电池和待测电池正极对正极、负极对负极连接。调整电路平衡时将滑动变阻器 R_n 调至最大，待电路稳定后调节滑动变阻器 R_n，使检流计指针为零，完成电流标准化调节。

实验操作

2. 测量电动势

将开关倒向标准电池，精细调节滑动触头，找到检流计 G 指 0 的平衡点，记录此时标准电池对应的电阻丝长度。

将开关倒向待测电池，保持电流不变，重新找到平衡点，记录待测电池对应的电阻丝长度。

根据标准电池电动势和两次平衡点的电阻丝长度，计算出待测电池的电动势。

六、实验数据处理

（1）记录实验所用标准电池的电动势 E_N 和定标后的 U_0。

（2）将数据记录表 2-4-1 中。

表 2-4-1　　测量电池电动势数据表（$U_0=0.100$ V/m）

	L_{x1}/m	L_{x2}/m	L_{x3}/m	L_{x4}/m	L_{x5}/m	L_{x6}/m	$\overline{L}_x$/m	$\overline{E}_x$/V
待测电池 1								
待测电池 2								

（3）误差分析

令

$$\Delta_{仪}=\frac{0.0001}{2}$$

$$E_{xi}=\left(\frac{E_N}{L_0}\right)\cdot L_{xi}=U_0\cdot L_{xi} \tag{2-4-1}$$

$$\overline{E}_x=\frac{\sum_{i=1}^{n}E_{xi}}{n} \tag{2-4-2}$$

$$S_{\overline{AE}_x}=\sqrt{\frac{\sum_{i=1}^{n}(E_{xi}-\overline{E}_x)^2}{n(n-1)}} \tag{2-4-3}$$

$$U_{BE_x}=\Delta_{仪}$$

$$U_{E_x}=\sqrt{S_{\overline{AE}_x}^2+U_{BE_x}^2} \tag{2-4-4}$$

$$E_x=\overline{E_x}\pm U_{E_x} \tag{2-4-5}$$

$$E=\frac{U_{E_x}}{\overline{E_x}}\times 100\% \tag{2-4-6}$$

$$E=\frac{E_{x测}-E_{x真}}{E_{x真}}\times 100\% \tag{2-4-7}$$

注意事项

(1)实验前检查所有设备是否完好,确保实验安全进行。

(2)实验过程中禁止滑动触头在电阻丝上滑动,以免磨损电阻丝。

(3)标准电池内装有化学液体,要防止震动和摔坏,不可倒置。

思考题

(1)分析本实验测得电池电动势误差产生的原因。

(2)为什么板式电位差计能测量电池电动势,而不是端电压?

(3)设计一个电位差计测量内阻的实验,并叙述其原理。

小贴士

用电压表测量电源电动势测量的是端电压,而不是电池的电动势。因为将电压表并联到电源两端,就有电流通过电源的内部,由于电源内部有电阻,在电源内部不可避免地存在电位降,因而电压表的指示值只是电源的端电压大小,它小于电动势。显然,只有当电流为 0 时,电源的端电压才等于其电动势。

普通板式电位差计又称为十一线电位差计,它实际上是一根 11 m 长、截面非常均匀的电阻丝,折成十一段都是一米长的导线,固定在一块平板上,其中 a 端通过导线和插头可与 1、2…10 等十个插座中任何一个相连接。b 端是滑动块与铜片接触点的引出端,其活动范围为 1.000 0 m。在电位差计调平衡时起微调的作用。滑块与电阻丝接触的 b 点电势,由顶端接线柱引出,滑块的箭头指示滑块的位置,由米尺读出,如果电位差计的灵敏度足够高,则 L 可读到 mm 位。若要取 $L=10.186\ 0$ m 时,可将 a 插入"10"插座,b 移动到"0.186 0 m"的位置,其中最后一位数字"0"已属于估读位。

标准电池的名称常给人以错觉,被误认为是一个标准可提供能量的电池,这是不正确的。其实,标准电池是一种作为电动势标准的原电池,从结构上看它是化学电池,电池内所用的化学物质通常为硫酸镉饱和溶液;从功能上看它是一个电压单位的标准器,可以提供 6 位有效数字的标准电压值。它不是也不允许是提供能量的装置。

实验五　用霍尔效应法测定螺线管轴向磁感应强度分布

一、实验背景

1879 年，美国物理学家霍尔(E. H. Hall)在研究通电导体作用时意外发现了霍尔效应现象。他观察到，在磁场中放置一半导体薄片，并使片面垂直于磁场方向，当电流通过薄片纵向端面时，将会在薄片横向端面间产生一电势差，那么这种现象称为霍尔效应，所产生的电势差则称为霍尔电压，用来产生霍尔效应的半导体片称为霍尔元件。

霍尔元件具有对磁场敏感、体积小、结构简单、输出电压变化大、频率响应宽和使用寿命长等优点。因此，在测量、信息技术、自动化和计算机等领域得到广泛的应用。

霍尔效应用于测量半导体材料的电学参数(如载流子浓度、迁移率等)，以及用于制作各种霍尔器件。除此之外，人们在利用霍尔效应原理开发的各种霍尔元件已广泛应用于精密测磁、自动化控制、通信、计算机、航天航空等工业部门及国防领域。

二、实验目的

(1)掌握测试霍尔器件的工作特性。

(2)学习用霍尔效应测量磁场的原理和方法。

(3)学习用霍尔器件测绘长直螺线管的轴向磁场分布。

三、实验仪器

(1)TH-S 型螺线管磁场测定实验组合仪(图 2-5-1 及图 2-5-2)。

(2)坐标纸 10 cm×10 cm 两张，20 cm×10 cm 一张(自备)等。

(3)TH-S 型螺线管磁场实验仪。

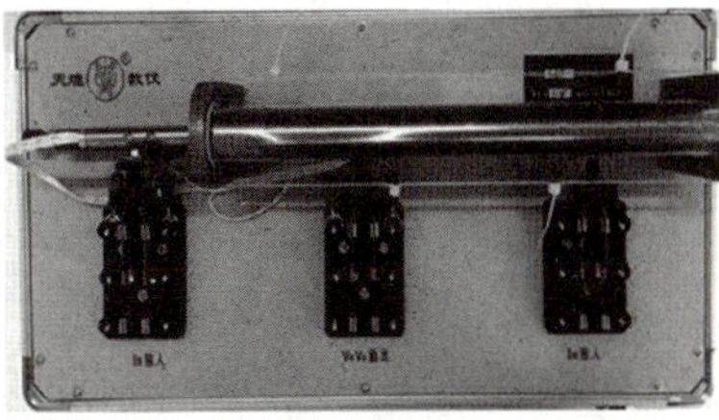

图 2-5-1　TH-S 型螺线管磁场测试仪

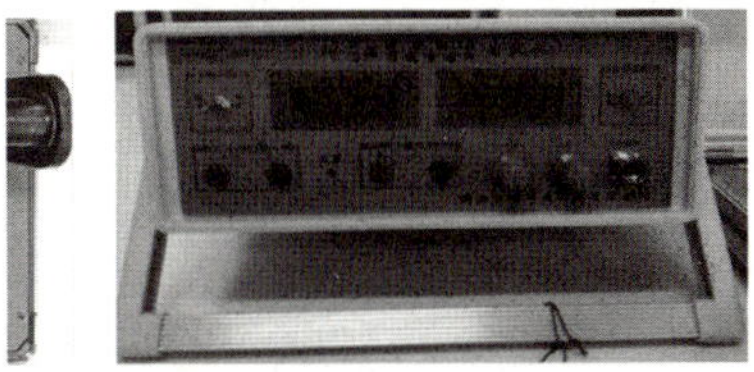

图 2-5-2　TH-S 型螺线管磁场实验仪

四、实验原理

1. 霍尔效应法测量磁场原理

根据霍尔效应现象，通电后霍尔器件产生磁场的磁感应强度大小为

$$B = V_H / K_H I_S \tag{2-5-1}$$

式中：V_H 为霍尔电压；K_H 为霍尔材料的灵敏度(其值已标注在仪器上)；I_S 为工作电流。

实验原理

2. 霍尔电压 V_H 测量原理

因实验过程中产生的附加电压均与工作电流或磁场方向有关，故可采用改变工作电流方向或磁场方向进行多次测量来消除附加电压。则

$$V_H=\frac{1}{4}(|V_1|+|V_2|+|V_3|+|V_4|) \tag{2-5-2}$$

3. 载流长直螺线管内的磁感应强度

对于一有限长的长直螺线管，在距离两端等距离远的中心点的磁感应强度为最大值，且等于

$$B_0=\mu_0 N I_M \tag{2-5-3}$$

其中，μ_0 为真空磁导率，N 为螺线管单位长度的线圈匝数，I_M 为线圈的励磁电流。

根据理论计算，长直螺线管一端的磁感应强度为内腔中心位置磁感应强度的 1/2。

五、实验步骤及内容

1. 霍尔器件输出特性测量

（1）开机前，调节 I_S、I_M 旋钮。仪器开机前应将 I_S、I_M 调节旋钮逆时针方向旋转到底，使其输出电流趋于最小状态，然后再开机。

实验操作

（2）按图连线。按图 2-5-3 所示连接测试仪和实验仪之间的 I_S、V_H 和 I_M 三组连线，连接过程中，每组连线应连接在换向开关中间的接线柱上，其他接线柱出厂前已连好，切勿随意改动。连好线后需要经教师检查后方可开启测试仪的电源。必须强调指出：决不允许将测试仪的励磁电流“I_M 输出”误接到实验仪的“V_H 输出”或“I_S 输入”处，否则一旦通电，霍尔器件即遭到损坏。

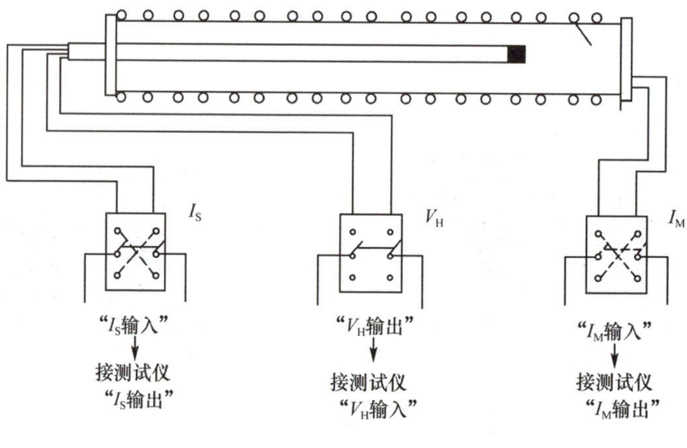

图 2-5-3　连接测试仪和实验仪

注：图 2-5-3 中虚线所示的部分线路已由厂家连接好。

（3）移动霍尔器件至螺线管的中心位置。转动旋钮 X_1、X_2 来调节霍尔器件探杆支架，慢慢将霍尔器件移到螺线管的中心位置（$X=0.00$ cm）。

（4）测绘 V_H-I_S 曲线。测试过程中保持励磁电流 $I_M=0.800$ A 不变。

依次按表 2-5-1 所列数据调节工作电流 I_S，用对称法测出相应的 V_1、V_2、V_3 和 V_4 记入表 2-5-1 中并计算出相应的 V_H 值，绘制 V_H-I_S 曲线。

表 2-5-1　V_H-I_S 数据表（I_M=0.800 A）

I_S/mA	V_1/mV	V_2/mV	V_3/mV	V_4/mV	$V_H=\frac{(\lvert V_1\rvert+\lvert V_2\rvert+\lvert V_3\rvert+\lvert V_4\rvert)}{4}$/mV
	$+I_S+B$	$+I_S-B$	$-I_S-B$	$-I_S+B$	
4.00					
5.00					
6.00					
7.00					
8.00					
9.00					
10.00					

（5）测绘 V_H-I_M 曲线。测试过程中保持工作电流 I_S=8.00 mA 不变。

依次按表 2-5-2 所列数据调节励磁电流 I_M，用对称法将所测得数据记入表 2-5-2 中并计算出相应的 V_H 值，绘制 V_H-I_M 曲线。

表 2-5-2　V_H-I_M 数据表（I_S=8 mA）

I_M/A	V_1/mV	V_2/mV	V_3/mV	V_4/mV	$V_H=\frac{(\lvert V_1\rvert+\lvert V_2\rvert+\lvert V_3\rvert+\lvert V_4\rvert)}{4}$/mV
	$+I_S+B$	$+I_S-B$	$-I_S-B$	$-I_S+B$	
0.300					
0.400					
0.500					
0.600					
0.700					
0.800					
0.900					
1.000					

2. 测绘螺线管轴线上磁感应强度的分布

测试过程中保持励磁电流 I_M=0.800 A、工作电流 I_S=8.00 mA 不变。

（1）调节霍尔探头位置，测量各相应位置的 V_1、V_2、V_3、V_4 值。以相距螺线管两端口等距离远的中心位置为坐标原点，探头离中心位置 $X=14-X_1-X_2$。调节旋钮 X_1、X_2，依次按表 2-5-3 所列数据调节霍尔探头位置，按对称测量法测出各相应位置的 V_1、V_2、V_3、V_4 值。注意：当标尺 X_1+X_2 的值超出约 10 cm 后，应当用手轻扶标尺下方，缓慢旋出，避免标尺上、下颤动从而损坏仪器。并计算相对应的 V_H 及 B 值，记入表 2-5-3。

表 2-5-3　I_S=8.00 mA，I_M=0.800 A　K_H=______mV/(mA·KGS)　N=______10^2/m

X_1/cm	X_2/cm	X/cm	V_1/mV	V_2/mV	V_3/mV	V_4/mV	V_H/mV	$B=\frac{V_H}{K_H I_S}$/KGS
			$+I_S+B$	$+I_S-B$	$-I_S-B$	$-I_S+B$		
0.0	0.0							
0.5	0.0							
1.0	0.0							
1.5	0.0							

（续表）

X_1/cm	X_2/cm	X/cm	V_1/mV	V_2/mV	V_3/mV	V_4/mV	V_H/mV	$B=\frac{V_H}{K_H I_S}$/KGS
			$+I_S+B$	$+I_S-B$	$-I_S-B$	$-I_S+B$		
2.0	0.0							
5.0	0.0							
8.0	0.0							
11.0	0.0							
14.0	0.0							
14.0	3.0							
14.0	6.0							
14.0	9.0							
14.0	12.0							
14.0	12.5							
14.0	13.0							
14.0	13.5							
14.0	14.0							

（2）绘制 B-X 曲线，验证螺线管端口处的磁感应强度为中心位置的 1/2（忽略温度对 V_H 值的影响）。

（3）将测得的螺线管中心（$X=0.0$ cm 处）磁感应强度 B 值与理论值 B_0 进行比较，求出相对误差（需考虑温度对 V_H 值的影响）。

注：①测绘 B-X 曲线时，螺线管两端口附近磁强度变化小，应多测几点。

②霍尔灵敏度 K_H 值和螺线管单位长度线圈匝数 N 均标在实验仪上。

（4）关机前，调节 I_S、I_M 旋钮为最小值。应将"I_S 调节"和"I_M 调节"旋钮逆时针方向旋转到底，使其输出电流趋于最小状态，然后切断电源。

六、数据处理

1. 霍尔器件输出特性测量

（1）测绘 V_H-I_S 曲线

（2）测绘 V_H-I_M 曲线

$$V_H=\frac{(|V_1|+|V_2|+|V_3|+|V_4|)}{4}(\text{mV}) \tag{2-5-4}$$

2. 测绘螺线管轴线上磁感应强度的分布

（1）绘制 B-X 曲线

$$B=\frac{V_H}{K_H I_S}(\text{KGS}) \tag{2-5-5}$$

（2）将测得的螺线管中心（$X=0.0$ cm 处）磁感应强度 B 值与理论值 B_0 进行比较，求出相对误差。

$$B_0=\mu_0 N I_M=4\pi\times10^{-7}\times0.800\times N(\text{KGS}) \tag{2-5-6}$$

$$E=\frac{|B-B_0|}{B_0}\times100\% \tag{2-5-7}$$

注意事项

(1)集成霍尔元件的 V_+ 和 V_- 不能接反，否则将损坏元件。

(2)拆除接线前应先将螺线管工作电流调至零，再关闭电源。以防止电感电流突变引起高电压。

(3)仪器应预热 10 min 后测量数据。

思考题

(1)若发现霍尔片的磁场方向和磁场不一致，对测量结果有什么影响？

(2)用霍尔片测螺线管的磁场时，怎样消除地球磁场的影响？

小贴士

1. 霍尔效应法测量磁场原理

霍尔效应是由于运动的带电粒子在磁场中受到洛伦兹力作用而引起的偏转，如图 2-5-4 所示，当电子以速率 v 从霍尔组件的 N 端面向 M 端面运动时，电子所受到的沿 z 轴方向、磁场强度为 B 的磁场作用力为洛伦兹力，从而在霍尔组件的上端面(P 端面)聚积起正电荷，在下端面(S 端面)聚积起负电荷，于是在 P、S 端面间就产生了霍尔电场，形成的电势差 V_H 就是霍尔电压。霍尔电场又将产生阻碍电子偏移的电场力。当电子所受到的电场力与洛伦兹力相等时，半导体两侧电荷就达到动态平衡，有

$$eE_H = evB \tag{2-5-8}$$

式中：e 为电子电量；E_H 为霍尔电场强度；v 为电子运动速度。

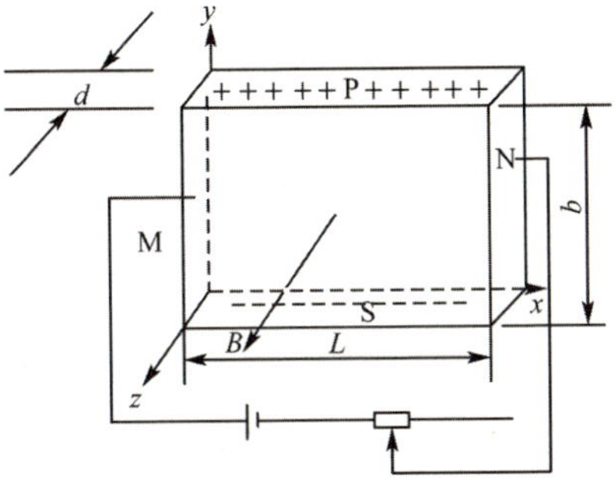

图 2-5-4　霍尔效应原理

设霍尔组件的宽度为 b，厚度为 d，电子浓度为 n，则通过霍尔组件的电流为

$$I_S = -nevbd \tag{2-5-9}$$

由式(2-5-8)和式(2-5-9)联立可得

$$V_H = E_H \cdot b = -\frac{1}{ne} \cdot \frac{I_S B}{d} = R_H \frac{I_S B}{d} \tag{2-5-10}$$

即霍尔电压 V_H 与 I_S 和 B 乘积成正比，与材料厚度 d 成反比。其中比例系数

$R_H=-\frac{1}{ne}$称为霍尔系数，是反映材料产生霍尔效应能力的重要参数。

对于成品的霍尔器件，其中的比例系数 R_H 和材料厚度 d 是已知的。若令 $K_H=\frac{R_H}{d}$，则

$$V_H=K_HI_SB \tag{2-5-11}$$

式中：K_H 被称为霍尔材料的灵敏度，仪器上已标注其值，它表示该器件在单位工作电流和单位磁感应强度下输出的霍尔电压，其中，工作电流 I_S，单位为 mA，B 单位为 KGS，V_H 单位为 mV，则 K_H 的单位为 mV/(mA·KGS)。由式(2-5-11)可知，若 K_H 为已知，工作电流 I_S 可调，只要测量出霍尔电压 V_H，就可以求出磁感应强度 B 的大小，即

$$B=V_H/K_HI_S \tag{2-5-12}$$

这就是利用霍尔效应测量磁场的原理。

2. 载流长直螺线管内的磁感应强度

螺线管是由绕在圆柱面上的导线构成的，对于密绕的螺线管，可以看成是一系列有共同轴线的圆形线圈的并排组合，因此对于某个载流长直螺线管轴线上某一点的磁感应强度，可以利用对各圆形电流在轴线上该点所产生的磁感应强度进行积分求和得到，对于一有限长的长直螺线管，在距离两端等距离远的中心点，磁感应强度为最大值，且

$$B_0=\mu_0NI_M \tag{2-5-13}$$

其中，μ_0 为真空磁导率，N 为螺线管单位长度的线圈匝数，I_M 为线圈的励磁电流。

如图 2-5-5 所示，由长直螺线管磁力线的分布可知，其内腔中部的磁力线是平行于轴线的直线系，渐近两端口时，这些直线向两侧离散，说明腔内磁场是均匀的，仅在靠近两端和外部处，才会呈现明显的不均匀性。根据理论计算，长直螺线管一端的磁感应强度为内腔中心位置磁感应强度的 1/2。

3. 实验中产生的附加电压及消除办法

如图 2-5-4，测量过程中，实际测得的不只是霍尔电压 V_H，还包括其他副效应的产生。下面将讨论产生附加电压的原因及实验过程中消除这些副效应的方法。

(1)不等位效应

由于霍尔组件材料自身具有不均匀性，以及电压输出端 P、S 两极引线也不可能是完全对称地焊接在材料两侧，当有工作电流 I_S 流过时，两极将处于不同的等位面，即便不加磁场，P、S 两极间也存在一定的电势差 V_0，被称为不等位电势差，其正、负只与工作电流 I_S 的方向有关。

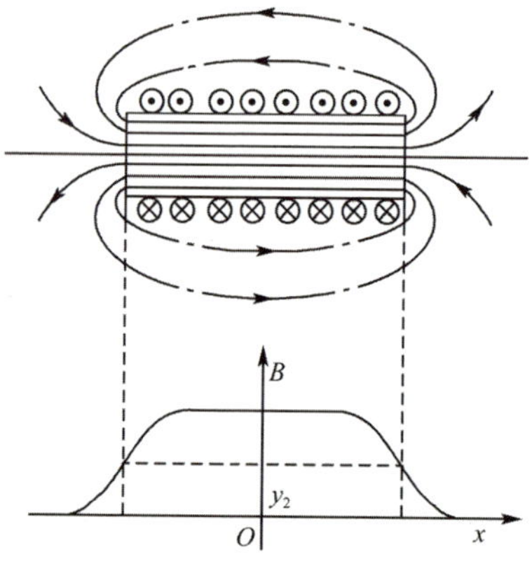

图 2-5-5　长直螺线管的磁力线分布

(2)埃廷斯豪森效应

从宏观上看，当电子所受的洛伦兹力 f_B 与霍尔电场力 f_E 达到动态平衡时，电子将以一定速率沿 x 轴方向运动。而从微观来看，电子运动速率不会完全一致。运动的电子

既有 $f'_B>f_E$ 又有 $f'_B<f_E$，它们将分别聚积在霍尔组件的两个端面。但由于速率大的电子能量大，使得聚积快速电子的端面温度高，另一端面温度低。于是在 P、S 端面之间将产生温差电压 V_t，它的方向不仅与 I_S 方向有关，也与 B 方向有关。

(3)能斯特效应

由于器件两端引线焊点处的电阻不会完全相等，所以通电后会在焊点处产生不同的焦尔热，并因温差面产生扩散电流。电流在磁场的作用下，在 P、S 之间将产生附加电压 V_p，显然 V_p 的方向与 B 相关，而与 I_S 的方向无关。

(4)里吉-勒迪克效应

由于热扩散电流中的载流子速率不同，又将在 P、S 两端间引起附加的温差电压 V_S，V_S 只与 B 的方向有关，而与 I_S 无关。

综上所述，在通过霍尔组件的工作电流 I_S 及外加磁场 B 均匀为确定的情况下，在 P、S 两端测得的电压除霍尔电压 V_H 外，还包括 V_0、V_t、V_p 及 V_S 等，即

$$V=V_H+V_0+V_t+V_p+V_S \tag{2-5-14}$$

因附加电压均与工作电流 I_S 或磁场方向 B 有关，故可采用改变 I_S 方向或 B 方向进行多次测量来消除附加电压。具体做法如下。

第一次测量时 V_H、V_0、V_t、V_p 及 V_S 均取做正值，即 $+I_S$、$+B$ 时，有

$$V_1=V_H+V_0+V_t+V_p+V_S \tag{2-5-15}$$

第二次测量时 I_S 不变，B 换向，即 $+I_S$、$-B$，则

$$V_2=-V_H+V_0-V_t-V_p-V_S \tag{2-5-16}$$

第三次测量时采取 $-I_S$、$-B$，则

$$V_3=V_H-V_0+V_t-V_p-V_S \tag{2-5-17}$$

第四次测量时采取 $-I_S$、$+B$，则

$$V_4=-V_H-V_0-V_t+V_p+V_S \tag{2-5-18}$$

由以上四式可得

$$V_H=\frac{1}{4}(V_1-V_2+V_3-V_4)-V_t \tag{2-5-19}$$

在通常情况下，$V_t \ll V_H$，故将上式改写成

$$V_H=\frac{1}{4}(V_1-V_2+V_3-V_4) \tag{2-5-20}$$

或

$$V_H=\frac{(|V_1|+|V_2|+|V_3|+|V_4|)}{4} \tag{2-5-21}$$

4. 实验装置简介

TH-S 型螺线管磁场测定实验组合仪全套设备是由实验仪和测试仪两大部分组成的。

(1)实验仪

实验仪如图 2-5-6 所示。

①长直螺线管

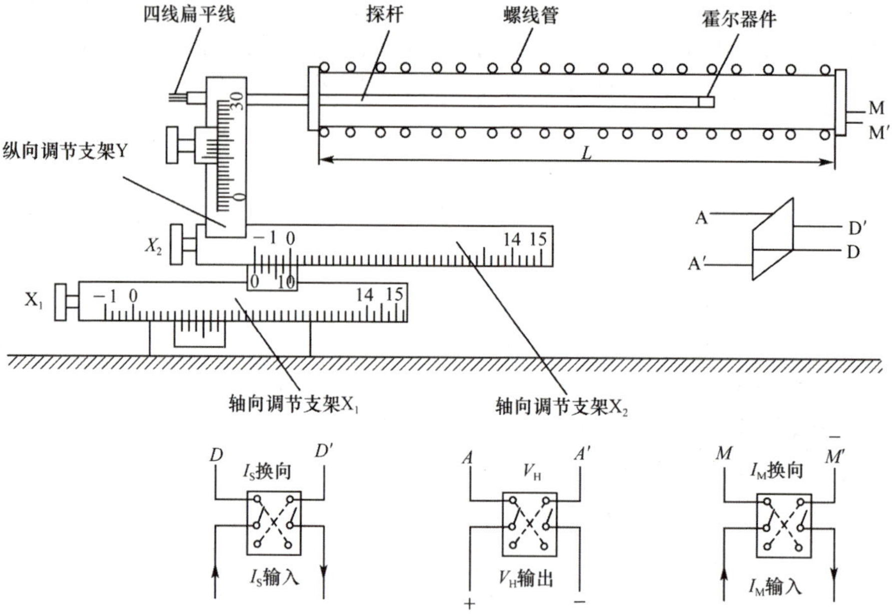

图 2-5-6 实验仪

长度 $L=28$ cm；单位长度的线圈匝数 N(匝/m)已标注在实验仪上。

②霍尔器件和调节机构

霍尔器件如图 2-5-7 所示，它有两对电极，用来测量霍尔电压 V_H 的是 A、A′电极，D、D′电极为工作电流 I_S 的电极，利用四线扁平线经探杆将两对电极引出，分别接到实验仪的 I_S 换向开关和 V_H 输出开关处。

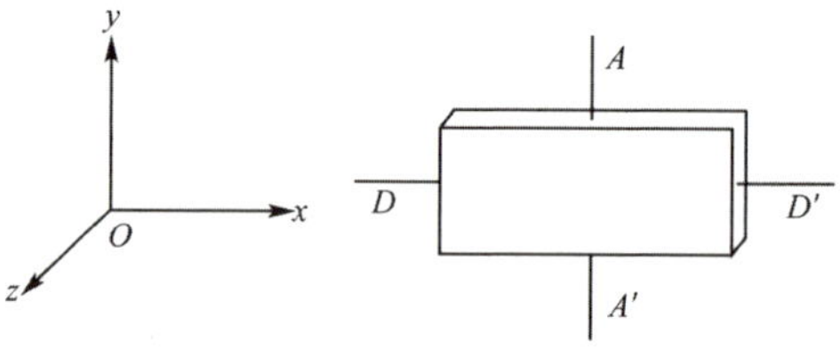

图 2-5-7 霍尔器件

霍尔器件的灵敏度 K_H 与载流子浓度成反比，因为 K_H 与温度有关，实验仪上已给出了该霍尔材料在 15 ℃时的 K_H 值。

将探杆固定在二维(x、y 方向)调节支架上，设有 X_1、X_2 及 Y 测距尺，用来指示探杆的轴向、纵向位置。

仪器在出厂前探杆的中心轴线与螺线管的内孔轴线已按要求进行了调整，因此，实验过程中无须调节 Y 旋钮。

如果操作者想使霍尔探头从螺线管右端向左端移动，为了调节顺手，应先调节 X_1 旋钮，使其读数 X_1 从 0.0→14.0 cm，再调节 X_2 旋钮，调其读数 X_2 从 0.0→14.0 cm，反之，要使探头从螺线管左端移至右端，应先调节 X_2，读数从 14.0→0.0 cm，再调节 X_1，读数从 14.0→0.0 cm。

霍尔探头位于螺线管的右端、中心及左端，测距尺指示见表 2-5-4。

表 2-5-4　测距尺读数

位置		右端	中心	左端
测距尺读数/cm	X_1	0.0	14.0	14.0
	X_2	0.0	0.0	14.0

③工作电流 I_S 及励磁电流 I_M 换向开关

霍尔电压 V_H 输出开关，三组开关与对应的霍尔器件及螺线管线包间连线，出厂前均已接好。

2. 测试仪

测试仪面板如图 2-5-8 所示。

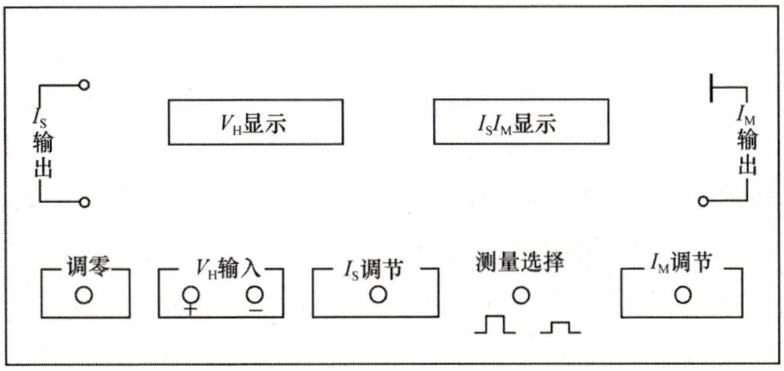

图 2-5-8　测试仪面板

(1)I_S 输出

霍尔器件工作电流源，输出电流 0～10 mA，通过 I_S 调节旋钮连续调节。

(2)I_M 输出

螺线管励磁电流源，输出电流 0～1 A。通过 I_M 调节旋钮连续调节。

上述两组恒流源的读数可通过“测量选择”按键共享一只数字电流表显示，按键测 I_M，放键测 I_S。

(3)直流数字电压表

$3\frac{1}{2}$位数字直流毫伏表，供测量霍尔电压用。可通过面板左下方调零电位器旋钮进行校正电压表零位。

实验六　线胀系数的测量

一、实验背景

绝大多数物质表现出“热胀冷缩”的现象，当物体受热时，其内部粒子(原子或分子)运动加快，粒子间的距离增大，导致物体体积膨胀，即“热胀”。相反，当物体受冷时，其内部粒子运动减缓，粒子间的距离缩小，导致物体体积收缩，即“冷缩”。

热胀冷缩现象在日常生活和工业生产中有着广泛的应用。例如，在铁路轨道的建设中，工程师们会预留一定的缝隙以应对轨道因温度变化而产生的热胀冷缩现象，防止轨道因过度挤压而损坏。此外，在桥梁、建筑等工程中，也需要考虑热胀冷缩对结构稳定性的影响。在机械制造中，由于不同材料的热膨胀系数不同，可能导致元器件之间的连接松动或断裂，因此在设计和制造过程中，需要充分考虑材料的热膨胀性能。

线胀系数是描述金属“热胀冷缩”特性的一个重要物理量，是描述固体材料在温度变化时长度变化的特性。在18世纪，科学家们开始研究材料的热膨胀现象，这是线胀系数研究的早期阶段。例如，荷兰天文学家Petrus von Musschenbroek在1730年研究了钟摆杆的热变形对钟摆周期的影响，这标志着对材料热变形规律及材料的热属性初步系统研究。19世纪，随着工业革命的推进和对精确测量技术的需求，科学家们开始更系统地研究材料的热膨胀系数。例如，法国科学家Charles-Édouard Guillaume在1896年开发了因瓦合金(Invar)，这是一种热膨胀系数极低的镍铁合金，广泛应用于精密仪器和科学设备中①。至今，线胀系数的研究仍然是材料科学和工程领域的一个活跃分支。现代研究不仅关注单一材料的热膨胀特性，还涉及复合材料、纳米材料以及在极端温度和压力条件下的行为。通过这些研究，科学家们能够设计出更适应特定环境的材料，并优化结构设计以抵抗热膨胀引起的应力和形变。

线胀系数的大小取决于材料的种类、结构以及温度条件。为了测量金属的线膨胀系数，通常采用加热的方法使金属发生热膨胀，然后测量单位温度变化引起的微小长度变化。常见的加热方法包括电加热法、蒸汽加热法和水浴加热法。这些方法能够有效地测量金属在不同温度下的膨胀情况，从而确定其线胀系数。本实验采用的是电加热法，此方法能够实现精确的温度控制，有助于提高测量的准确性，同时配合精密测量工具——千分表，实现对样品微小尺寸变化的高精度测量。

二、实验目的

(1)学习并掌握利用电加热法测量金属杆的线胀系数。

(2)学会用千分尺测量微小长度的变化。

①苗恩铭.材料热膨胀系数影响因素概述[J].工具技术，2005,(05):26-29.

三、实验仪器

(1)数显式金属线胀系数测定仪(固体线胀)。

(2)测试样品(铜、铁、千分表等)(图 2-6-1)。

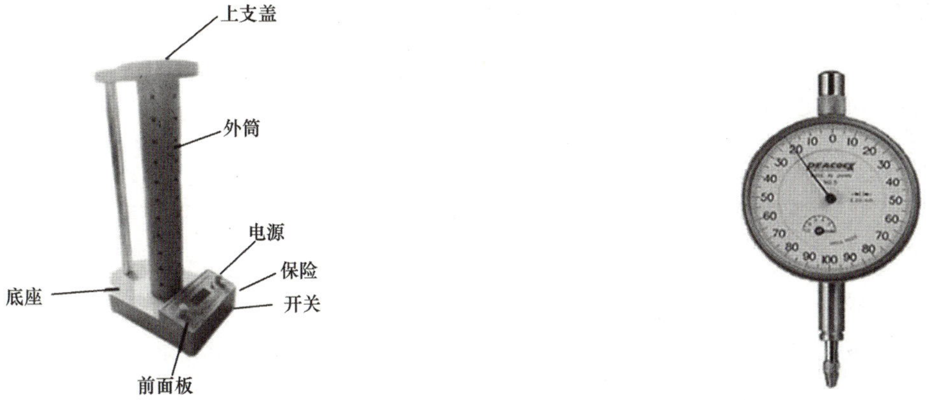

(a)测定仪　　(b)千分表

图 2-6-1　数显式金属线胀系数测定仪和千分表

四、实验原理

物体在线度上的增长被称为线膨胀,不同材质的物体具有不同的线膨胀系数。当涉及微小的伸长量时,常规的测量工具往往无法提供足够的精度。因此,通常会采用更为精密的方法,如用千分表、读数显微镜、光杠杆放大法以及光学干涉法等来进行测量。在本实验中,我们选择使用千分表作为测量工具。

实验原理

原长为 L 的物体,受热后其伸长量 ΔL 与其温度的增加量 ΔT 近似成正比,与原长 L 亦成正比,即

$$\Delta L = \alpha L \Delta T \tag{2-6-1}$$

比例系数 α 为固体线胀系数。若温度为 T_1 时材料的长度为 L,温度为 T_2 时材料较 T_1 时伸长了 ΔL,则该材料在温度区内的线胀系数:

$$\alpha = \Delta L / L(T_2 - T_1) \tag{2-6-2}$$

$$\alpha = \frac{\Delta L}{L \cdot \Delta T} = \frac{K}{L} \tag{2-6-3}$$

(K 为绝对伸长量)

五、实验步骤及内容

(1)测出待测金属杆在室温下的原长 L,重复测量 6 次,取平均值,记录数据至表 2-6-1。

实验操作

(2)将待测金属杆放入数显式金属线胀系数测定仪中,保持调整后的千分表不动。

(3)打开仪器电源，稳定值即为室温。长按“功能”键，显示“H110”即高温 110 ℃，点击“预置”，调节高温预设温度为 90 ℃。

(4)再次点击“功能”键，显示“L010”即低温 10 ℃，点击“预置”，设置低温为 15 ℃。

(5)设置完成后，长按“工作”，其指示灯亮起，即开始加热，按实验温度要求记录数据至表 2-6-2。计算绝对伸长量填至表 2-6-3。

表 2-6-1　　金属杆原长 L(室温)

原长 \ 次数	1	2	3	4	5	6	平均值
$L/1\times10^{-3}$ m							

表 2-6-2　　温度间隔 5℃ 时千分表的读数

次数 i	1	2	3	4	5	6	7	8	9	10	11
温度 T/℃	30	35	40	45	50	55	60	65	70	75	80
千分表读数 $L_i/1\times0^{-3}$ m											

表 2-6-3　　绝对伸长量 $K_i=(L_{5+i}-L_i)/(t_{5+i}-t_i)$

次数 i	1	2	3	4	5	6	平均值	$U_{A(K)}$
K_i(10^{-3}mm/℃)								

六、数据处理

1. 绝对伸长量 K_i 的不确定度 U_{K_i}

数据处理

伸长量 K_i 的平均值

$$\overline{K_i}=\frac{\sum\limits_{i=6}K_i}{6}\text{mm/℃} \tag{2-6-4}$$

伸长量 K_i 的 A 类不确定度

$$S_{\overline{AK_i}}=\sqrt{\frac{\sum\limits_{i}(K_i-\overline{K_i})^2}{6(6-1)}}\ (\text{mm/℃}) \tag{2-6-5}$$

伸长量 K_i 的 B 类不确定度 $U_B\approx 0$mm 绝对伸长量 K_i 的不确定度

$$U_{K_i}=\sqrt{S_{\overline{AK_i}}^2+U_{BK_i}^2}\ (\text{mm/℃}) \tag{2-6-6}$$

2. 金属杆原长 L 的不确定度 U_L

金属杆原长 L 的平均值

$$\overline{L}=\frac{\sum\limits_{i=6}L_i}{6}(\text{mm}) \tag{2-6-7}$$

金属杆原长 L 的 A 类不确定度

$$S_{\overline{A L}}=\sqrt{\frac{\sum_{i}(L-\overline{L})^{2}}{6(6-1)}}(\mathrm{mm}) \tag{2-6-8}$$

金属杆原长 L 的 B 类不确定度

$$U_{BL}=0.001(\mathrm{mm})$$

金属杆原长 L 的不确定度

$$U_{L}=\sqrt{S_{\overline{AL}}^{2}+U_{B(L)}^{2}}(\mathrm{mm}) \tag{2-6-9}$$

3. ΔL_i 的不确定度

ΔL_i 的平均值

$$\overline{\Delta L_{i}}=\frac{(L_{11}-L_{6})+(L_{10}-L_{5})+(L_{9}-L_{4})+(L_{8}-L_{3})+(L_{7}-L_{2})+(L_{6}-L_{1})}{6}(\mathrm{mm}) \tag{2-6-10}$$

ΔL_i 的 A 类不确定度

$$S_{\overline{A \Delta L_{i}}}=\sqrt{\frac{\sum_{i}(\Delta L_{i}-\overline{\Delta L_{i}})^{2}}{6(6-1)}}(\mathrm{mm}) \tag{2-6-11}$$

ΔL_i 的 B 类不确定度

$$U_{B\Delta L_{i}}=0.001(\mathrm{mm})$$

ΔL_i 的不确定度

$$U_{\Delta L_{i}}=\sqrt{S_{\overline{A \Delta L_{i}}}^{2}+U_{B \Delta L_{i}}^{2}}\ (\mathrm{mm}) \tag{2-6-12}$$

4. 相对不确定度

$$E=\frac{U_{\alpha}}{\alpha}=\sqrt{\left(\frac{-U_{K}}{\overline{K}}\right)^{2}+\left(\frac{-U_{\Delta L_{i}}}{\overline{\Delta L}}\right)^{2}+\left(\frac{U_{\Delta t}}{\Delta t}\right)^{2}+\left(\frac{U_{L}}{\overline{L}}\right)^{2}}(\%) \tag{2-6-13}$$

金属杆的长度在 $t=30$ ℃时与室温下近似相等，则有

$$\overline{\alpha}=\frac{\overline{K_{i}}}{\overline{L}}(/℃) \tag{2-6-14}$$

所以，线胀系数的合成不确定度

$$U_{(\alpha)}=\overline{\alpha}E(/℃) \tag{2-6-15}$$

5. 实验结论测量结果

$$\alpha=\overline{\alpha}\pm U_{(\alpha)}=\text{常数}(/℃) \tag{2-6-16}$$

$$E=\frac{U_{(\alpha)}}{\alpha}\times 100\%=\text{常数}(\%) \tag{2-6-17}$$

注意事项

(1)样品管内部装有敏感的传感器，在放置样品管的过程中，需要小心轻放，否则可能损坏传感器或影响其实验数据的准确性。

(2)由于本实验是在温度不断变化的条件下进行，因此要求操作者在读取测量数据时必须迅速而准确，以捕捉温度变化中的关键数据点，并确保实验结果的可靠性。

思考题

(1)哪些因素可能会影响到线胀系数的测量?

(2)实验过程中,为什么要防止周围环境的扰动?

小贴士

1. 常用金属的物理性能(表 2-6-4)

表 2-6-4　金属的物理性能

金属	密度/$g\cdot cm^{-3}$	熔点/℃	比热容/$J\cdot(g\cdot ℃)^{-1}$	热导率/$W/(m\cdot K)^{-1}$	电阻率/$\mu\Omega\cdot cm$	线胀系数/$10^{-6}\cdot ℃^{-1}$
铝(Al)	2.7	660.3	900	237	2.82	23.1
铜(Cu)	8.96	1 085	385	401	1.68	16.6
钢(Steel)	7.85	1 394~1 540	450	50~80	1.12~1.68	10~13
不锈钢(Stainless Steel)	7.98	1 370~1 700	450	14~17	≤1.00	15~19
镍合金(Nickel Alloy)	8.9	1 455	444	90~210	6.9~12.5	11~15
钛(Ti)	4.51	1668	632	21.9	42	8.6

2. 百分表与千分表

百分表和千分表是精密测量工具,它们用于测量小距离或尺寸的变化,如图 2-6-2 所示。百分表的读数精度通常为 0.01 mm,而千分表的精度更高,为 0.001 mm,见表 2-6-5。这意味着千分表能够提供比百分表更精细的测量结果。

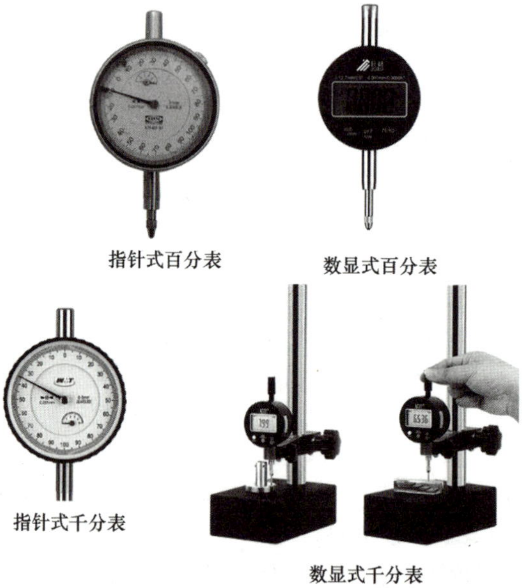

图 2-6-2　各种千分表

表 2-6-5　　百分表和千分表

	百分表	千分表
读数精度	0.01 mm	0.001 mm
测量范围	0～3 mm、0～5 mm、0～10 mm 等	0～1 mm(高精度千分表)
应用场景	适用于尺寸精度为 IT6～IT8 级零件的校正和检验	适用于尺寸精度为 IT5～IT7 级零件的校正和检验
使用	百分表适用于较低精度要求的测量,如检查工件的形状和位置误差,也常用于工件的精密找正	千分表的读数精度比百分表高,但受到震动后测量杆不容易恢复到原始位置,可能会影响检测数据的真实性,因此在震动较小的情况下使用较好

实验七　等厚干涉实验及其应用

一、实验背景

自牛顿时代起，科学家们就开始对光的本质进行深入探索。等厚干涉现象的研究是光学发展历程中的重要组成部分。17 世纪，牛顿通过著名的牛顿环实验，首次观察到了等厚干涉现象，这为后来光的波动性理论的发展提供了重要的实验依据。

在理论背景方面，等厚干涉基于光的波动性质。当光照射到厚度不均匀的透明薄膜或两个紧密接触的光学表面时，由于光在不同表面反射的光程差不同，满足一定条件时会产生干涉现象。这种干涉现象与光的波长、薄膜厚度以及折射率等因素密切相关。通过对等厚干涉的研究，可以深入理解光的传播、反射、折射等基本规律，以及光的波动性所带来的独特现象。

在实际应用背景中，等厚干涉实验有着广泛的用途。例如，在精密光学元件的制造和检测中，等厚干涉可以用来测量透镜的曲率半径、表面平整度等参数，确保光学元件的质量。在材料科学领域，等厚干涉可用于研究薄膜的厚度和折射率，为新材料的研发提供重要的技术手段。此外，在半导体工业中，等厚干涉也被用于检测芯片表面的平整度和厚度均匀性，对提高电子产品的性能和可靠性起着关键作用。

二、实验目的

(1)观察等厚干涉现象，了解等厚干涉的特点，加深对等厚干涉原理的理解。

(2)掌握读数显微镜的使用方法。

(3)学习用等厚干涉方法测量球面的曲率半径。

三、实验仪器

等厚干涉及其应用
仪器介绍

(1)读数显微镜[图 2-7-1(a)]。

(2)牛顿环装置[图 2-7-1(b)]。

(3)单色光源[图 2-7-1(c)]。

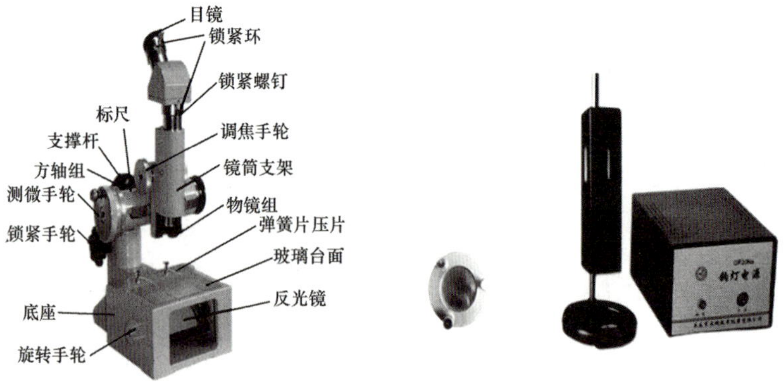

(a)　(b)　(c)

图 2-7-1　读数显微镜

四、实验原理

本次实验采用一束平行单色光垂直照射到牛顿环装置上，经平凸透镜与平行玻璃板间的空气层上、下表面反射，两束反射光将在空气层的上表面相遇，形成等厚干涉条纹。其干涉图样是以玻璃接触点为中心的一系列明暗相间的同心圆环，如图 2-7-2 所示，称为牛顿环。

由图 2-7-3 可见，设透镜的曲率半径为 R，与接触点 O 相距为 R 处空气层的厚度为 d，其几何关系式为

$$R^2=(R-d)^2+r^2(\mathrm{m}) \tag{2-7-1}$$

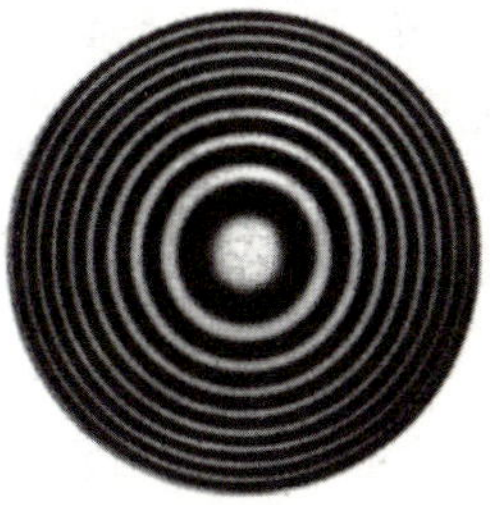

图 2-7-2 牛顿环干涉图样

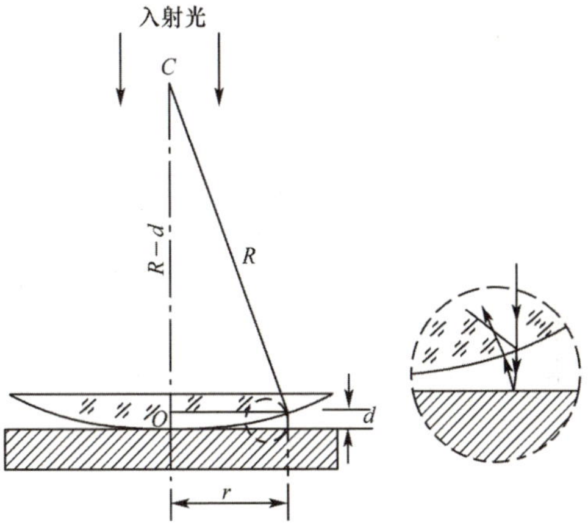

图 2-7-3 牛顿环干涉光路

由于 $R \gg d$，略去 d^2 可得

$$d=\frac{r^2}{2R} \tag{2-7-2}$$

由于光线垂直入射，光波在平玻璃板上反射时（光疏介质到光密介质）会有半波损失，因此两束反射光的总光程差为

$$\delta=2d+\frac{\lambda}{2} \tag{2-7-3}$$

干涉产生暗环的条件是

$$\delta=(2j+1)\frac{\lambda}{2} \quad (j=0,1,2,3\cdots) \tag{2-7-4}$$

其中 j 为干涉暗条纹的级数。将式(2-7-1)、式(2-7-2)和式(2-7-3)联立可得第 j 级暗环的半径为

$$r_j^2=jR\lambda \tag{2-7-5}$$

由式(2-7-5)可知，如果单色光源的波长 λ 已知，测出第 j 级的暗环半径 r_j；实际测量时，可以通过测量距中心较远的两个暗环的半径 r_m 和 r_n 的平方差来消除级次不确定的影响。因为

$$r_m^2=mR\lambda \quad r_n^2=nR\lambda$$

两式相减可得

$$r_m^2 - r_n^2 = R(m-n)\lambda \tag{2-7-6}$$

可见，曲率半径 R 只与两环的级次之差（环数差）有关，与具体级次无关。由上式得

$$R = \frac{r_m^2 - r_n^2}{(m-n)\lambda} \tag{2-7-7}$$

可通过测量直径来消除无法确定牛顿环几何中心的影响，式(2-7-7)可改写为

$$R = \frac{D_m^2 - D_n^2}{4(m-n)\lambda} \tag{2-7-8}$$

由上式可知，只要测出 D_m 与 D_n（分别为第 m 与第 n 条暗环的直径）的值，就能算出 R 或 λ。避免实验中条纹级数及牛顿环中心难以确定的困难。

五、实验步骤及内容

(1)调节牛顿环装置上的三个螺钉，使牛顿环中心大致位于装置的中心并呈圆环形。

(2)牛顿环装置的光会在牛顿环装置内部空气间隙的上、下两表面再次发生反射。两束反射光透过半反镜 G 进入读数显微镜的物镜，并形成干涉图样。如图 2-7-4 所示叉丝调节半反镜 G 的倾斜角度，使读数显微镜目镜中呈现出尽可能明亮的黄光视场。

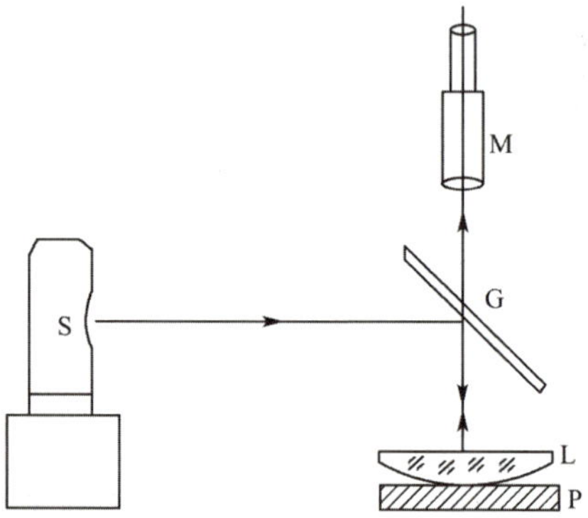

图 2-7-4　牛顿环干涉

S—光源；M—目镜；L—凸透镜；P—平面镜

(3)对读数显微镜的目镜进行调焦，使目镜中看到的叉丝最为清晰。改变牛顿环装置在工作台上的位置，使目镜中的叉丝交点对准牛顿环的中心(图 2-7-5)。

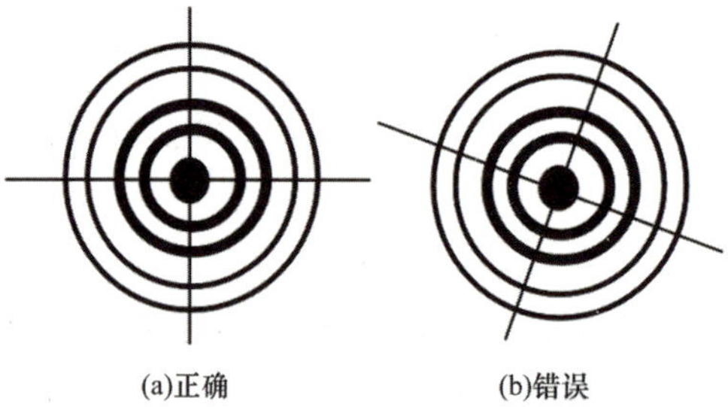

图 2-7-5　叉丝的位置

(4)实验测量

①用读数显微镜测量牛顿环直径。

②旋转测微鼓轮使叉丝在目镜视野中向左移动，从牛顿环中心开始向左数暗环环数，数到 20 环后)，反方向旋转测微鼓轮。从左 15 环开始记录读数，记为 $x_{左m}$，继续向右数，直至纵叉丝与左 5 环外切，记录相应位置读数 $x_{左n}$。继续旋转测微鼓轮向右移动，并经过牛顿环的中心，然后与右侧第 5 环、第 15 环内切，记录相应读数 $x_{右n}$、$x_{右m}$。重复上述测量 6 次，并记录于表 2-7-1。

六、数据处理

表 2-7-1　　牛顿环测量及计算数据($\lambda=5.893\times10^{-4}$ mm，$m-n=10$)

次数	位置读数/mm		D_m/mm	D_m^2/mm^2	位置读数/mm		D_n/mm	D_n^2/mm^2	$D_m^2-D_n^2$	$\overline{D_m^2-D_n^2}$
	$x_{左m}$	$x_{右m}$	$x_{右m}-x_{左m}$	$(x_{左m}-x_{右m})^2$	$x_{左n}$	$x_{右n}$	$x_{右n}-x_{左n}$	$(x_{左n}-x_{右n})^2$	/mm^2	/mm^2
1										
2										
3										
4										
5										
6										

计算平凸透镜的曲率半径 R 及其不确定度。

由表 2-7-1 中数据计算平凸透镜曲率半径 R 的最佳值

$$\overline{R}=\frac{\overline{D_m^2-D_n^2}}{4(m-n)\lambda}(\mathrm{m}) \tag{2-7-9}$$

相对不确定度由

$$E(R)=2\frac{(\overline{D_m^2}+\overline{D_n^2})^{1/2}}{D_m^2-D_n^2}U_D \tag{2-7-10}$$

求得，其中 U_D 取 D_n 的不确定度进行计算。

D_n 为等精度 6 次直接测量，其不确定度 B 类分量取为仪器误差，有

$$U_{BD_n}=0.004\times10^{-3}(\mathrm{m})$$

其不确定度 A 类分量为

$$S_{\overline{AD}_n}=\sqrt{\frac{1}{6(6-1)}\sum_{i=1}^{6}(D_{ni}-\overline{D}_n)^2} \tag{2-7-11}$$

U_D 的不确定度为

$$U_D=\sqrt{S_{\overline{AD}_n}^2+U_{BD_n}^2} \tag{2-7-12}$$

由式(2-7-10)有

$$E(R)=2\frac{(\overline{D_m^2}+\overline{D_n^2})^{1/2}}{D_m^2-D_n^2}U_D \tag{2-7-13}$$

可求得平凸透镜曲率半径 R 的相对不确定度。进而可知 R 的不确定度为

$$U_R=\overline{R}\cdot E(R)(\mathrm{m}) \tag{2-7-14}$$

平凸透镜曲率半径 R 的测量结果表示为

$$R=(\overline{R}\pm U_R)(\mathrm{m}) \tag{2-7-15}$$

注意事项

(1)牛顿环装置、半反镜和显微镜的光学表面不清洁,要用专门的擦镜纸轻轻揩拭。

(2)读数显微镜的测微鼓轮在每一次测量过程中只能向一个方向旋转,中途不能反转。

(3)读数显微镜物镜调焦时,为防止损坏牛顿环装置,需使镜筒逐渐远离待测物(提升镜筒)。

(4)牛顿环装置上的三颗螺钉不宜拧得过紧,以免平凸透镜和光学玻璃发生变形甚至损坏。

思考题

1. 实验中使用的是单色光源,如果用白光源会是什么结果?
2. 实验中若遇到牛顿环的中心是亮斑而不是暗斑的情况,这对实验结果是否有影响?
3. 测量过程中,哪些情况会产生读数显微镜的回程误差?

小贴士

一、等厚实验相关仪器介绍

等厚干涉实验装置图如 2-7-1 所示。

1. 读数显微镜

读数显微镜是实验室常用的光学仪器之一,其用途十分广泛。实验中,用于观察和测量牛顿环等厚干涉条纹。它可以对物体进行放大,并配备有刻度标尺和测微鼓轮等部件,能够精确测量条纹的位置、直径或间距等参数。通过读数显微镜,实验者可以清晰地看到牛顿环的干涉条纹,并准确读取相关数据以进行分析和计算。实验室中常用的读数显微镜为 JCD-3 型,其基本结构如图 2-7-6 所示。

读数显微镜实际上是具备了测量微小长度功能的显微镜。它的目镜中加有十字叉丝,用以对物像进行定位。它的螺旋测微装置可以带动镜筒平移(有的是带动被测物件平动),即叉丝在被测物像上平移。平移前后叉丝位置读数(位置读数由测微装置给出)之差即为被测物像前后两点间的距离。读数显微镜适用于游标卡尺、螺旋测微器难以测量的对象,如细孔内径、刻痕宽度等。本实验使用的读数显微镜纵向测量范围 50 mm(纵向主尺),最小读数 0.01 mm(测微鼓轮);升降方向上测量范围 40 mm(竖直卡尺),最小读数 0.1 mm。目镜可用锁紧螺钉固定于任一位置,棱镜室可在 360°方向上旋转。物镜是用丝扣拧入镜筒内,调焦手轮可使镜筒上下移动完成物镜的调焦。转动测微鼓轮,镜筒沿导轨作纵向移动,移动的距离由量程为 50 mm 的主尺和被分为 100 等份的测微鼓轮读出。测微鼓轮读数原理与螺旋测微器一样,鼓轮每旋转一周,镜筒纵向移动 1 mm,因此测微鼓轮的最小分度值为 0.01 mm。读数时,先读主尺(只读到 mm 位),再读测微鼓轮上的读数(注意估读一位),读数精度可达到以 mm 为单位的小数点后三位。

2. 牛顿环装置

牛顿环装置是由一块曲率半径较大的平凸透镜和一块光学平面玻璃片组成。如图 2-7-6 所示。平凸透镜的凸面与平板玻璃之间形成一层空气薄膜，其厚度从中心接触点到边缘逐渐增大。框架上有三个螺钉，用来调节透镜之间的压力，即改变空气层的厚度，以改变牛顿环的形状和位置。调节螺钉时，不能过紧，以免接触压力过大引起凸透镜的弹性变形。

3. 单色光源

通常使用钠光灯作为单色光源，其发出的光波长较为单一稳定（波长约为 589.3 nm），能满足等厚干涉实验对光源单色性的要求。单色光有利于产生清晰、稳定的干涉条纹，便于观察和测量。

二、等厚干涉实验步骤详解

1. 实验准备

（1）熟悉实验仪器

了解读数显微镜、牛顿环装置、单色光源等仪器的结构和使用方法。

（2）检查仪器状态

检查读数显微镜的目镜和物镜是否清洁，牛顿环装置是否有损坏，单色光源是否正常发光。

2. 调整实验装置

（1）放置牛顿环装置

将牛顿环装置放置在读数显微镜的载物台上，使牛顿环的中心大致与显微镜的光轴重合。

（2）调整光源位置

将单色光源放置在合适的位置，使光线能够垂直入射到牛顿环装置上。可以使用 45°反射平面玻璃来调整光路，确保入射光近乎垂直。

（3）调整读数显微镜

①调节目镜，使十字叉丝清晰可见。

②转动调焦手轮，使物镜逐渐接近牛顿环装置，直到能够清晰地看到牛顿环的干涉条纹。

③调整目镜和物镜的位置，使十字叉丝与干涉条纹平行，且叉丝交点位于干涉条纹的中心。

3. 开始实验

（1）借助室内灯光，用眼睛直接观察牛顿环装置，调节牛顿环装置上的三个螺钉，使牛顿环中心大致位于装置的中心并呈圆环形，注意螺钉不能拧得过紧，以免使凸透镜变形。

（2）将仪器按图 2-7-4 所示布置好。点亮钠光灯 5～6 分钟后，将反光镜调至背光状态。然后，调节半反镜 G，使其与水平方向的夹角约为 45°。光源 s 发出的光照射到半反镜 G 后，其中一部分光由 G 向下反射进入牛顿环装置。进入牛顿环装置的光会在牛顿环装置内部空气间隙的上、下两表面再次发生反射。两束反射光透过半反镜 G 进入读数显微镜的物镜，并形成干涉图样。调节半反镜 G 的倾斜角度，使读数显微镜目镜中呈现出尽可能明亮的黄光视场。

(3)对读数显微镜的目镜进行调焦,使目镜中看到的叉丝最为清晰。改变牛顿环装置在工作台上的位置,使目镜中的叉丝交点对准牛顿环的中心。旋转调焦手轮,使镜筒向下靠近牛顿环装置(但不要碰上)。然后,自下而上的调节镜筒高度,直至在目镜中看到清晰的干涉条纹(注意条纹与测量叉丝之间应无视差)。调节目镜中叉丝的方向,使其中一根与显微镜移动的方向垂直。这样可使这根叉丝在镜筒移动时始终保持与干涉条纹相切,如图 2-7-4 所示。若叉丝的方向如图 2-7-5 所示,则测量将会产生较大误差。

4. 实验测量

用读数显微镜测量牛顿环直径。牛顿环中心条纹较宽,且有些模糊,因此测量时至少要从第 5 环开始。为了提高测量精度及计算方便,$(m-n)$取 10。为兼顾两方面,本实验取 $n=5$、$m=15$。具体的测量方法如下:

旋转测微鼓轮使叉丝在目镜视野中向左移动,从牛顿环中心开始向左数暗环环数,数到 20 环后(消除回程误差),反方向旋转测微鼓轮。从左 15 环(中心左侧)的位置开始记录位置读数,记为 $x_{左m}$,继续向右数,直至纵叉丝与左 5 环外切,记录相应位置读数 $x_{左n}$。继续旋转测微鼓轮使叉丝接着向右移动,并经过牛顿环的中心,然后依次与右侧第 5 环、第 15 环内切,记录相应的位置读数 $x_{右n}$、$x_{右m}$。在测量某一条纹的直径时,左侧测的是条纹的外切位置,右侧测的是条纹的内切位置,这两个位置之间的距离接近于条纹的直径,这样可以减小条纹宽度带来的误差。测量时应注意测微鼓轮不能回旋,要始终沿着一个方向旋转,以免产生回程误差,并且竖直叉丝要与显微镜的移动方向垂直,始终与各个暗环相切。旋转测微鼓轮将叉丝平移回牛顿环中心,原地旋转牛顿环装置若干角度,重复上述测量 6 次并记录。

三、等厚干涉实验相关应用

等厚干涉在生活中有很多实际应用,以下是一些例子:

1. 检测光学元件表面平整度

(1)眼镜和相机镜头

在生产过程中,需要确保镜片表面的平整度,以获得良好的光学性能。等厚干涉技术可以用来检测镜片表面的微小起伏,确保其符合质量标准。如果镜片表面不平整,会导致成像模糊、变形等问题。

(2)手机屏幕和电脑显示器

这些设备的屏幕表面也需要高度平整,以保证图像的清晰度和色彩准确性。等厚干涉可以用来检测屏幕表面的平整度,及时发现并纠正生产中的问题。

2. 测量薄膜厚度

(1)塑料薄膜

在包装、农业等领域广泛应用的塑料薄膜,其厚度的均匀性对产品质量至关重要。等厚干涉技术可以快速、准确地测量薄膜的厚度,帮助生产厂家控制产品质量。

(2)涂层厚度测量

在汽车、航空航天等行业,涂层的厚度会影响产品的性能和寿命。等厚干涉可以用来测量涂层的厚度，确保其符合设计要求。例如，汽车漆的厚度会影响车身的外观和防腐性能，通过等厚干涉技术可以对漆层厚度进行精确测量。

3. 光学仪器校准

(1)干涉仪

干涉仪是一种利用等厚干涉原理进行精密测量的仪器。它可以用来校准其他光学仪器，如显微镜、望远镜等。通过比较被测仪器与标准干涉仪的干涉条纹，可以确定被测仪器的误差，并进行调整和校准。

(2)光学传感器

在一些光学传感器中，等厚干涉原理被用来检测物理量的变化。例如，光纤传感器可以利用等厚干涉来测量温度、压力、位移等物理量。通过监测干涉条纹的变化，可以实现对物理量的高精度测量。

4. 艺术与装饰

(1)珠宝鉴定

等厚干涉现象可以用来鉴定宝石的真伪和品质。例如，天然宝石和人造宝石在干涉条纹上会有不同的表现，通过观察干涉条纹的特征，可以区分它们。

(2)装饰玻璃

一些装饰玻璃上会制作出等厚干涉图案，增加玻璃的美观性。这些图案可以通过在玻璃表面刻蚀或镀膜等方式实现，利用等厚干涉原理产生绚丽的色彩和图案效果。

5. 等厚干涉实验相关物理竞赛

在全国大学物理实验竞赛中，有不少与等厚干涉实验相关的获奖作品。例如，在第八届全国大学生物理实验竞赛(创新)中，济南大学的邵明辉老师指导王伶祎、张雨嘉、赵有海同学的《光的等厚干涉实验》获得三等奖；在第九届全国大学生物理实验竞赛(创新)中，河南工程学院的辛再旺、张国立、许超俊三位同学的作品《等厚干涉——牛顿环实验》获得国家二等奖。这些都是比较好的实验案例。

实验八　分光计实验及其应用

一、实验背景

分光计是一种用于精确测量角度的光学仪器。在光学实验中，常常需要对光的特性进行研究，如测量光线的偏转角、折射率等。而分光计的调整与使用实验则为这些研究提供了重要的手段。分光计的用途十分广泛，其基本结构和原理与许多精密光学仪器（单色仪、色谱仪）都十分相似，因此分光计的结构与调整方法在光学仪器中具有代表性。学习分光计的调整原理和调整方法，有助于掌握更为复杂的光学仪器。

二、实验目的

（1）掌握分光计的调整方法。

（2）学习使用分光计测量三棱镜顶角。

三、实验仪器

分光计实验装置如图 2-8-1 所示。

分光计的调整与使用仪器介绍

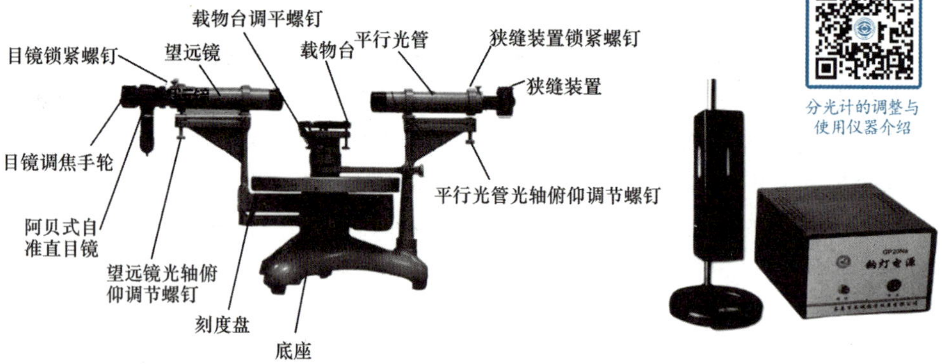

图 2-8-1　分光计实验装置

（1）JJY 型分光计（测角精度 1′）。

（2）三棱镜。

（3）平面反射镜。

（4）钠灯等。

四、实验原理

三棱镜顶角的测量的方法有反射法和自准直法两种。

1. 反射法

反射法测三棱镜顶角原理如图 2-8-2 所示，平行光管发出的平行光被三棱镜的两个

光学面 AB 和 AC 反射，只要测出两束反射光之间的夹角 φ，即可求得顶角 α 为

$$\alpha=\frac{\varphi}{2}=\frac{1}{4}(|\theta_1'-\theta_1|+|\theta_2'-\theta_2|) \tag{2-8-1}$$

2. 自准直法

图 2-8-3 是自准直法测三棱镜顶角的原理图。转动望远镜，对准 AB 面且让目镜中的十字像成像在分划板基准线与竖直线的交叉点处，记下分光计游标盘的两个读数 θ_1 和 θ_2。再转动望远镜对准 AC 面，当十字像处在基准线与竖直线的交叉点处时，对应地记录游标盘的两个读数 θ_1' 和 θ_2'，两个方位角之差为顶角 α 的补角 φ，有

$$\alpha=180^\circ-\varphi=180^\circ-\frac{1}{2}(|\theta_1'-\theta_1|+|\theta_2'-\theta_2|) \tag{2-8-2}$$

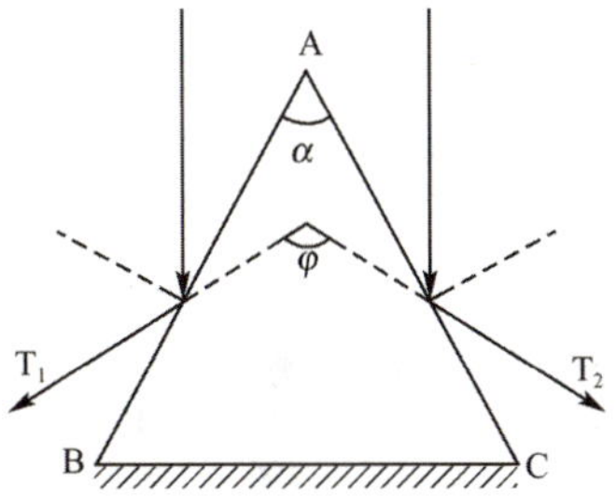

图 2-8-2　反射法测三棱镜顶角

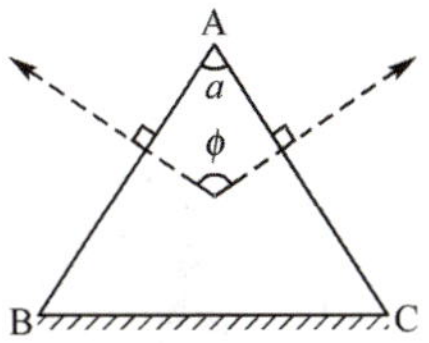

图 2-8-3　自准直法测三棱镜顶角

五、实验步骤及内容

1. 分光计的调整

分光计的调整要达到下列要求：平行光管能发出平行光；望远镜能接收平行光；望远镜和平行光管的光轴及载物台的平面与分光计的中心轴垂直。

调节过程可大致分为粗调和细调，具体步骤如下：

(1)粗调

粗调分为三个方面：

①调节载物台下面的三个螺钉，使载物台大致与仪器主轴垂直；

②调节仰角调节螺钉，使其光轴与仪器主轴垂直；

③调节望远镜的仰角调节螺钉，使其光轴与仪器主轴垂直且与平行光管光轴共线。

(2)细调

①望远镜调焦

望远镜调焦分为目镜调焦和物镜调焦两步。

a. 调节目镜调焦手轮，直到能够清楚地看到分划板"准线"。

b. 打开照明灯的开关，可在目镜观察"准线"和十字窗口。

c. 调节载物台下的水平调节螺钉 a_1 或 a_2。

d. 物镜调焦：转动载物台，使望远镜中从十字窗口透过的光经物镜，被平面镜反射，并由物镜再次聚焦，在分划板上形成亮十字像(图 2-8-4 和图 2-8-5)。

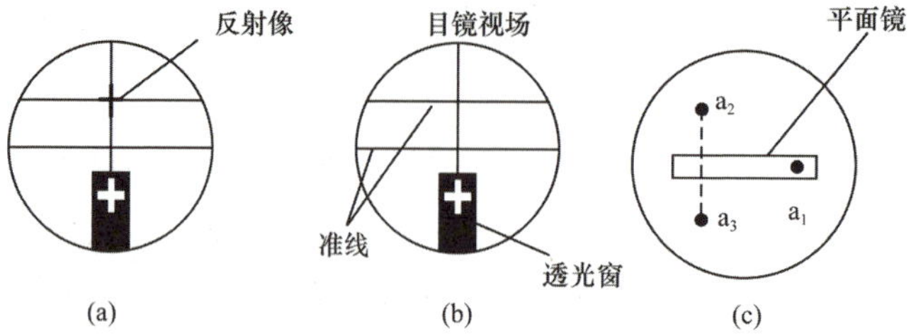

图 2-8-4　目镜视场

图 2-8-5　平面镜的放置

②调整望远镜光轴与分光计的中心轴垂直

当望远镜与分光计的中心轴垂直时，就达到了与刻度盘平行的要求。

③调整载物台

调节螺钉 a_2 和 a_3 的连线与中心轴垂直，找到十字像，调节 a_1 螺钉使十字像与基准线重合。载物台与分光计中心轴垂直的调节就完成了(图 2-8-6)。

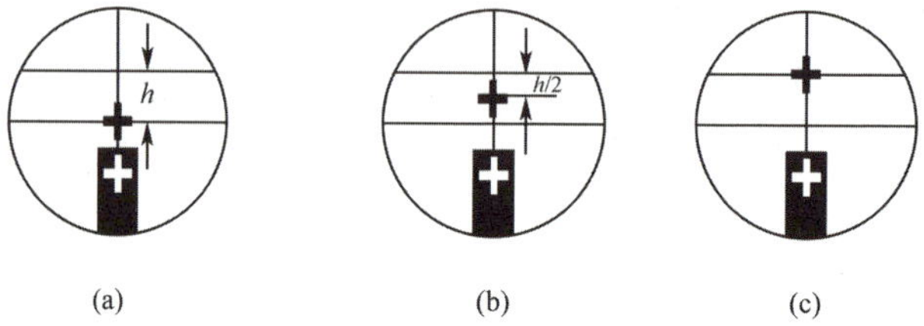

图 2-8-6　亮十字像与分划板准线的位置关系

④调整平行光管

利用前面已经调整好的望远镜调节平行光管。当平行光管射出平行光时，能看到清楚的狭缝的像，且与准线无视差(图 2-8-7)。

a. 调整平行光管产生平行光。

b. 调节平行光管的光轴，使其与分光计中心轴垂直。

2. 反射法测量三棱镜顶角

如图 2-8-8 所示。将望远镜转到 T_1 位置，使反射的狭缝像与分划板竖直线重合，记下分光计游标盘的两个读数 θ_1 和 θ_2；将望远镜转到 T_2 位置，使反射的狭缝像同样与分划板竖直线重合，再次记录两个游标的读数 θ_1' 和 θ_2'。重复测量 5 次，数据记录于表 2-8-1。

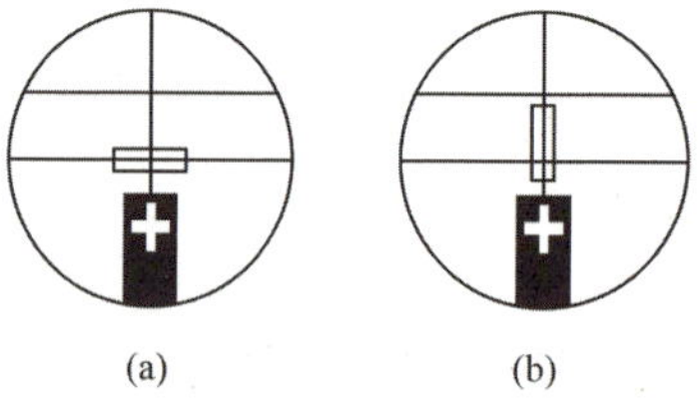

图 2-8-7　狭缝像与分划板位置图

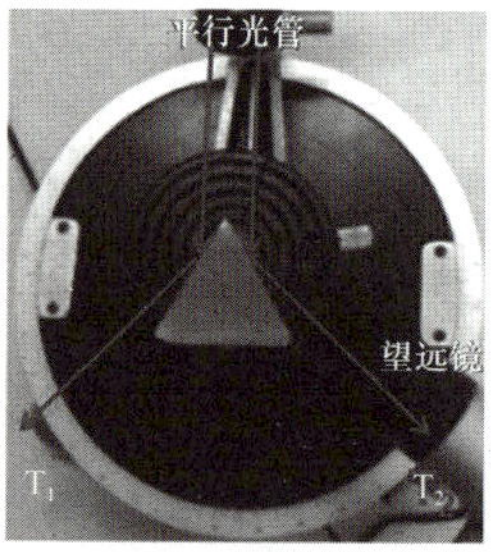

图 2-8-8　反射法测量三棱镜顶角

六、数据处理

表 2-8-1　　反射法测三棱镜顶角数据及测量表　　(°)

次数	项目								
	T_1		T_2		$\varphi_1=\lvert\theta_1'-\theta_1\rvert$	$\varphi_2=\lvert\theta_2'-\theta_2\rvert$	$\varphi=\frac{\varphi_1+\varphi_2}{2}$	$\alpha=\frac{\varphi}{2}$	$\overline{\alpha}$
	θ_1	θ_2	θ_1'	θ_2'	或$=\lvert\theta_1'-\theta_1-360°\rvert$	或$=\lvert\theta_2'-\theta_2-360°\rvert$			
1									
2									
3									
4									
5									

根据式(2-8-2)，有

$$\alpha=\frac{\varphi}{2}=\frac{\varphi_1+\varphi_2}{4} \tag{2-8-3}$$

利用表 2-8-1 中的数据，计算每次 α 的测量值(α_1、α_2、α_3、α_4、α_5)，并取平均值 $\overline{\alpha}$ 作为 α 的最佳估计值，有

$$\overline{\alpha}=\frac{\alpha_1+\alpha_2+\alpha_3+\alpha_4+\alpha_5}{5} \tag{2-8-4}$$

将计算得到的各 α 值和 $\overline{\alpha}$ 一并记入表 2-8-1 中。

将 5 次 φ 值作为直接测量量，则有

$$S_{\overline{A\varphi}}=\sqrt{\frac{1}{5(5-1)}\sum_{i=1}^{5}(\varphi_i-\overline{\varphi})^2} \tag{2-8-5}$$

$$U_{B\varphi}=1'=\frac{1}{60}\times\frac{\pi}{180}(\mathrm{rad}) \tag{2-8-6}$$

$$U_{\varphi}=\sqrt{S_{A\varphi}^2+U_{B\varphi}^2} \tag{2-8-7}$$

$$U_{\alpha}=\frac{U_{\varphi}}{2}(\mathrm{rad}) \tag{2-8-8}$$

最后可给出 α 的测量结果表达式

$$\alpha=(\overline{\alpha}\pm U_{\alpha})(\mathrm{rad}) \tag{2-8-9}$$

注意事项

(1)光学镜面不能用手摸、揩。如发现有尘埃时，应该用镜头纸轻轻揩擦。三棱镜、平面镜不准磕碰或跌落，以免损坏。不应在制动螺钉锁紧时强行转动望远镜，也不要随意过度拧动狭缝。

(2)调节过程中，所有制动螺钉应该处于松弛状态。在测量数据前务必检查分光计的几个制动螺钉是否按要求锁紧或打开，否则测得的数据将不可靠。锁紧螺钉锁住即可，不可用力过大，以免损坏器件。

(3)测量中应正确使用望远镜转动的微调螺丝，以便提高工作效率和测量准确度。

(4)在游标读数过程中，由于望远镜可能位于任意方位，故应注意望远镜转动过程中

是否经过了刻度零点。

(5)在读数装置上读数时，内刻度盘的游标不能位于载物台连接杆的下方，否则将无法读数。

思考题

1. 分光计的主要部件有哪些？分别起什么作用？

2. 分光计正确使用时需满足的要求是什么？

3. 为什么有的时候测量出来的数据显示 $\theta_1'-\theta_1$ 会超过 180°？

小贴士

一、分光计实验仪器详解

1. JJY 型分光计(图 2-8-9)

分光计主要由底座、平行光管、望远镜、载物台和读数圆盘五部分组成。结构如图 2-8-9 所示。

(1)底座：中心有一竖轴，望远镜和读数圆盘可绕该轴转动，该轴也称为仪器的公共轴或主轴。

(2)平行光管：是产生平行光的装置，又称自准直管。管的一端装有消色差的透镜，另一端是带有狭缝装置的圆筒套管，狭缝宽度及方向均可以根据需要进行调节。

(3)望远镜：是用来观察和测量光线行进方向的。如图 2-8-9 所示为阿贝目镜式望远镜的结构及目镜中的视场。物镜为消色差的复合正透镜，目镜装在镜筒一端的套筒中。为了调节和测量，物镜和目镜之间还装有刻有“双十字”的分划板(透明玻璃板)，在分划板下方紧贴一块 45°全反射小棱镜，棱镜与分划板中间夹有一层挡光材料，并在与分划板基准线对称的位置留有一个小十字窗口。光线从小棱镜的底部射入，通过 45°反射面反射到分划板上，十字窗口透过的光线经物镜射向载物台。如此时在载物台上垂直于望远镜放置一块平面镜，则光线经平面镜反射后，会再次进入望远镜镜筒，并在分划板上形成一个亮十字的像。

如图 2-8-10 所示，望远镜目镜到分划板的距离可通过旋转目镜调焦手轮来调节(看清分划板)；望远镜分划板到物镜的距离可通过前后伸缩装有分划板的套筒来调节(当分划板位于物镜的焦平面上时，分划板上所呈现的亮十字反射像最清晰)；望远镜整个镜筒的倾斜度可通过望远镜仰角调节螺钉来调节；转动望远镜支架，可使望远镜绕仪器转轴旋转；旋紧转座与刻度盘止动螺钉，可使望远镜与刻度盘一起转动，测量偏转角度时一定要旋紧，否则会给测量带来较大的误差；旋紧望远镜止动螺钉，可使望远镜固定在转盘的任意位置，此时可通过微调螺钉，使望远镜在小范围内转动。

(4)载物台：用于放置平面镜、棱镜等光学元件。平台能绕仪器中心轴旋转和升降，台面下有三颗螺钉可调节台面的倾斜度。

(5)读数圆盘：由内盘和外盘组成。外盘为刻度盘，刻有 0°～360°，它的最小分度值为

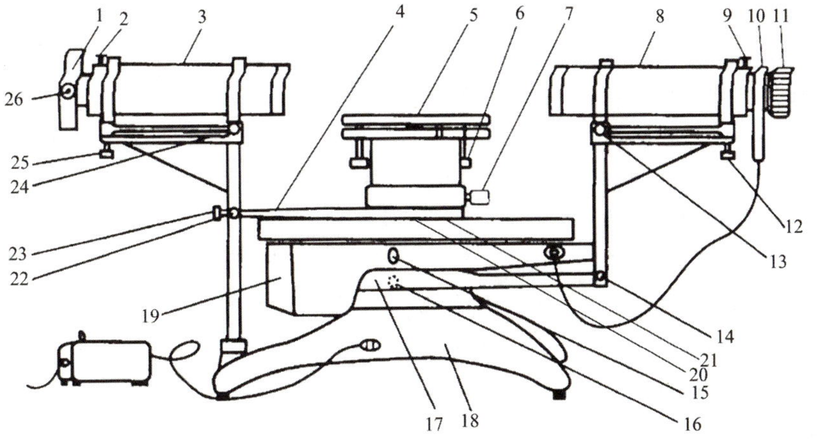

图 2-8-9　分光计结构

1—狭缝装置；2—狭缝装置锁紧螺钉；3—平行光管；4—制动架；5—载物台；6—载物台调节螺钉(3 只)；7—载物台锁紧螺钉；8—望远镜；9—目镜锁紧螺钉；10—阿贝式自准直目镜；11—目镜调焦手轮(看清分划板准线)；12—望远镜仰角调节螺钉；13—望远镜水平调节螺钉；14—望远镜微调螺钉；15—转座与刻度盘止动螺钉；16—望远镜止动螺钉；17—制动架；18—底座；19—转座；20—刻度盘；21—游标盘；22—游标盘微调螺钉；23—游标盘止动螺钉；24—平行光管水平调节螺钉；25—平行光管仰角调节螺钉；26—狭缝宽度调节手轮

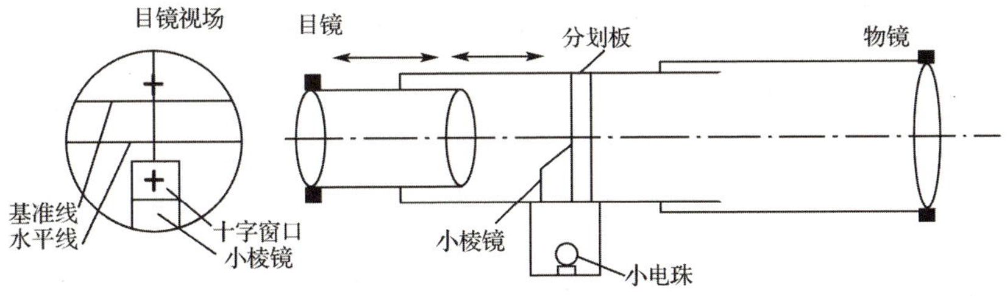

图 2-8-10　阿贝目镜式望远镜的结构和视场

0.5°(30′)。内盘为游标盘，用于读取角度中小于 30′的部分。游标盘上相隔 180°处有两个对称的角游标。这是因为读数时要读出两个游标所对应的数值，然后取平均值。这样可以消除刻度盘圆心与分光计转轴轴心不重合所引起的偏心误差。

通过游标盘和刻度盘可读出望远镜的偏转角度，读数方法与游标卡尺相似。读数时，以角游标零线为准，读出刻度盘上的度数，再找游标上与刻度盘上刚好重合的刻线，读出角度的分数。如果游标零线落在半度刻线之外，则读数应加上 30′(图 2-8-11)。

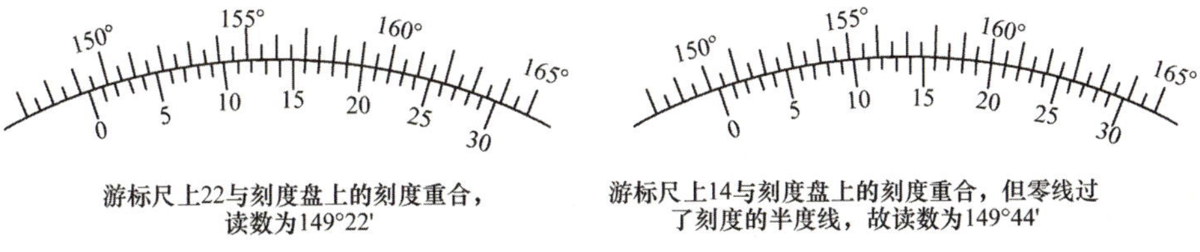

图 2-8-11　游标盘的读数方法

2. 钠光灯

钠光灯分为高压钠光灯和低压钠光灯，本实验使用的是低压钠光灯。低压钠光灯可发出两条极强的黄色谱线，两条谱线的波长差为 0.6 nm，平均波长为 589.3 nm。低压钠光灯单色性较强，实验室常将低压钠光灯作为普通单色光源。钠光灯在使用前要预热 5～10 min，断电后需冷却 5～10 min，因此钠光灯在使用过程中，不要随意开关。

3. 分光计实验操作步骤详解

分光计的调整要达到下列要求：平行光管能发出平行光，即平行光管的狭缝位于其物镜的焦平面上；望远镜能接收平行光，即分划板位于望远镜物镜的焦平面上；望远镜和平行光管的光轴及载物台的平面与分光计的中心轴垂直。

调节过程可大致分为粗调和细调，具体步骤如下：

(1)粗调

粗调分为三个方面：①调节载物台下面的三个螺钉，使载物台大致与仪器主轴垂直，此步骤可通过使用水平仪调平载物台实现；②调节平行光管的仰角调节螺钉，使其光轴与仪器主轴垂直；③调节望远镜的仰角调节螺钉，使其光轴同样与仪器主轴垂直且与平行光管光轴共线。

(2)细调

①望远镜调焦

望远镜调焦分为目镜调焦和物镜调焦两步。望远镜是用来观察平行光管经光学元件折射或衍射后的光线的，因此，望远镜的调焦要求是使其聚焦无穷远，并无视差。视差会给测量带来较大的误差，必须消除。

a. 调节目镜调焦手轮，直到能够清楚地看到分划板“准线”。

b. 打开照明小灯的开关，可在目镜视场中看到如图 2-8-4 所示的“准线”和十字窗口。

c. 将双面镜按图 2-8-5 所示方位放置在载物台上。这样放置的目的是：若要调节平面镜的俯仰，只需要调节载物台下的水平调节螺钉 a_1 或 a_2 即可，因为螺钉 a_3 的调节与平面镜的俯仰无关。

d. 物镜调焦：转动载物台，使望远镜中从十字窗口透过的光经物镜，被平面镜反射，并由物镜再次聚焦，在分划板上形成亮十字像。调节目镜调焦手轮，即调节分划板与目镜的距离，使目镜中能够清晰地呈现准线；松开目镜锁紧螺钉，前后移动目镜镜筒，直至看到清晰的亮十字像，此时准线与反射所形成的亮十字像在同一平面内，无视差，望远镜已聚焦于无穷远。

②调整望远镜光轴与分光计的中心轴垂直

平行光管与望远镜的光轴各代表入射光和出射光的方向。为了测准角度，必须使它们的光轴分别与刻度盘平行。刻度盘在制造时已垂直于分光计的中心轴。因此，当望远镜与分光计的中心轴垂直时，就达到了与刻度盘平行的要求。

具体调整方法为：平面镜仍竖直置于载物台上，转动载物台，使望远镜先后分别对准平面镜前后两镜面，利用自准直法可以分别观察到两个亮十字反射像。如果望远镜的光轴与分光计的中心轴垂直，而且平面镜反射面也与中心轴平行，则转动载物台时，从望远镜中可以观察到由平面镜前后两个面反射形成的亮十字像都与分划板的上准线——基准线完全重合，如图 2-8-6(c)所示。若望远镜光轴不与分光计中心轴垂直，或平面镜反射面不与中心轴平行，则转动载物台前后，从望远镜中观察到的两个亮十字反射像不会都与分划板基准线重合。若至多只能看到平面镜的一面有反射像，则需要重新粗调，直至平面镜正反两面都有亮十字反射像，方可进行下一步调节。

通常从望远镜中会看到亮十字像与基准线不重合，在竖直方向相差一段距离 h，如图 2-8-6(a)所示；此时调整望远镜仰角调节螺钉使差距减小为 $h/2$，如图 2-8-6(b)所示；再调节载物台下的水平调节螺钉 a_2(或 a_3)，消除另一半距离，使基准线与亮十字线重合，如图 2-8-6(c)所示。之后，再将载物台旋转 180°，使望远镜对着平面镜的另一面，采用同样的方法调节，唯一的区别是这次应调节另一个调平螺钉 a_3(或 a_2)。如此反复调整，直至转动载物台时，从平面镜前后两表面反射回来的亮十字像都能与分划板基准线重合为止，这种方法称为逐次逼近各半调整法。此时望远镜的光轴和分光计的中心轴相互垂直。

③调整载物台

经过上述调节，载物台水平调节螺钉 a_2 和 a_3 的连线已与中心轴垂直，但 a_1 的高度可能并不与二者一致。因此，载物台平面仍不一定垂直于分光计中心轴，需要进一步调节。将平面镜在载物台上转 90°，转动载物台使平面镜对准望远镜。找到十字像，调节 a_1 螺钉使十字像与基准线重合。此时，载物台与分光计中心轴垂直的调节就完成了。

④调整平行光管

利用前面已经调整好的望远镜调节平行光管。当平行光管射出平行光时，则狭缝成像于望远镜物镜的焦平面上，在望远镜中能看到清楚的狭缝的像，且与准线无视差。

a. 调整平行光管产生平行光。取下载物台上的平面镜，关掉望远镜中的照明小灯，用钠光灯照亮狭缝，从望远镜中观察来自平行光管的狭缝像，同时调节平行光管狭缝与平行光管透镜间的距离(松开狭缝装置锁紧螺钉，前后水平移动狭缝装置)，直至在望远镜中能看到清晰的狭缝的像为止，然后调节缝宽使望远镜视场中出现一条连续的明亮细线(约 1 mm 宽)。

b. 调节平行光管的光轴，使其与分光计中心轴垂直。望远镜中看到清晰的狭缝像后，旋转狭缝(不能前后移动)至水平状态，调节平行光管仰角调节螺钉，使狭缝像与分划板的下准线——水平线重合，如图 2-8-7(a)所示。此时，平行光管的光轴已与分光计中心轴垂直。最后，把狭缝转至铅直位置，并保持狭缝像最清晰且无视差，位置如图 2-8-7(b)所示，锁紧狭缝装置。

使用前要旋紧转座与刻度盘止动螺钉和游标盘止动螺钉，便于读数，至此分光计调整完毕。使用时必须注意分光计上除望远镜止动螺钉及其微调螺钉外，其他螺钉不能任意转动，否则将破坏分光计的工作条件，需要重新调节。

二、反射法测量三棱镜顶角

测量数据

将三棱镜按图 2-8-8 放置在载物平台上，使顶角置于载物台中心附近，且使平行光管射出的光束尽量被三棱镜两个反射面平分。将望远镜转到 T_1 位置，使反射的狭缝像与分划板竖直线重合，记下分光计游标盘的两个读数 θ_1 和 θ_2；将望远镜转到 T_2 位置，使反射的狭缝像同样与分划板竖直线重合，再次记录两个游标的读书 θ_1' 和 θ_2'。重复测量 5 次，并将数据记录于表。

三、分光计实验相关应用

分光计实验在多个领域有着重要的应用。

1. 物理学研究

(1)光谱分析

通过分光计可以将不同波长的光分开，从而研究物质的发射光谱、吸收光谱等。例如分析原子、分子的能级结构，确定物质的成分和浓度。

(2)折射率测量

利用分光计测量透明介质对不同波长光的折射率，进而研究物质的光学性质。比如，确定玻璃、晶体等材料的光学特性，为光学器件的设计和制造提供依据。

2. 化学分析

(1)物质鉴定

根据不同物质在特定波长下的吸收或发射光谱特征，可以对未知物质进行鉴定。例如，在化学实验室中，通过分光光度计测量溶液的吸光度，确定其中某种化学成分的含量。

(2)化学反应监测

通过监测化学反应过程中物质的光谱变化，可以了解反应的进程和机理。例如，观察颜色变化、吸收峰的位移等，判断反应是否进行完全以及生成了哪些产物。

3. 天文学

(1)天体物理研究

利用天文分光计分析天体发出的光，确定天体的化学成分、温度、速度等参数。例如，通过对恒星光谱的分析，可以了解恒星的演化阶段和内部结构。

(2)星系研究

分析星系的光谱可以研究星系的组成、运动状态以及宇宙的演化。例如，通过测量星系的红移，可以推断宇宙的膨胀速度。

四、材料科学

1. 材料表征

分光计可以用于研究材料的光学性质，如反射率、透射率、荧光特性等。这对于材料的性能评估和新材料的开发具有重要意义。

2. 半导体研究

在半导体材料的研究中，分光计可以用来测量半导体的能带结构、载流子浓度等参数，为半导体器件的设计和制造提供依据。

四、分光计实验的物理竞赛的相关实例

以下是一些物理竞赛中分光计实验的经典案例。

案例一：测量透明固体折射率

在某物理竞赛中，要求学生利用分光计测量一块透明固体（如玻璃或水晶）的折射率。

（一）实验过程

首先仔细调整分光计，使望远镜能接收平行光管发出的平行光，使载物台水平。

将透明固体放置在载物台上，用自准直法测量其一个表面的法线角度。

再用已知波长的单色光通过透明固体，测量其最小偏向角。

根据折射定律，结合所测角度数据计算出折射率。

（二）解决方案

对分光计进行多次校准，取平均值减小刻度误差。

选择表面平整度高的透明固体样品，并在放置时确保其与载物台接触良好。

在暗室环境中进行实验，减小杂散光的影响。

案例二：研究不同颜色光在介质中的折射

竞赛题目为研究不同颜色光（如红、绿、蓝）在同一透明介质中的折射情况，并利用分光计进行测量。

（一）实验过程

调整好分光计后，依次使用不同颜色的单色光源照射透明介质。

测量每种颜色光通过透明介质后的角度变化，计算出相应的折射率。

（二）解决方案

对不同颜色光的测量采用相同的测量条件和方法，减小因强度差异带来的误差。

使用稳定的光源，并在实验前对光源进行预热和检查。

案例三：测量液体折射率随温度变化关系

在物理竞赛中，要求学生利用分光计测量某种液体的折射率随温度的变化关系。

（一）实验过程

将装有液体的容器放置在可调节温度的加热装置上，并将其置于分光计的载物台上。

在不同温度下，用单色光通过液体，测量其折射角度。

根据折射定律计算出不同温度下液体的折射率。

（二）解决方案

使用高精度的温度传感器，并进行多次测量取平均值。

确保液体在加热过程中处于稳定状态，可以适当搅拌但要避免剧烈对流。

第三章　开放实验

实验一　电表的改装与校准

一、实验背景

电表作为测量电流、电压等电学参数的重要工具，在科学实验和工业生产中扮演着至关重要的角色。早在19世纪，随着电磁学理论的发展，磁电式电表应运而生。这种电表通过永磁铁和可转动线圈之间的相互作用来测量电流或电压。然而，磁电式电表的量程通常较小，无法满足大范围电学参数测量的需求。20世纪初，人们通过串联或并联电阻，可以分别将电流表改装成电压表或扩大电流表的量程。例如，将小量程电流表改装成电压表时，需要串联一个适当的分压电阻，使大部分电压降落在该电阻上，从而保护表头不被烧毁。这一时期的改装技术虽然初步解决了量程扩展的问题，但改装后的电表精度和稳定性仍有待提高。

随着电子技术的进步，电表的改装技术进入了新的发展阶段。半导体材料和集成电路的广泛应用，使得电表的改装更加精确和可靠。同时，校准技术也取得了显著进展。比较法校准成为主流，即通过与标准电表对比，确定改装电表的示值误差，并绘制校准曲线。这种方法能够有效提高电表的测量精度，使其满足更高要求的应用场景。

在物理实验中，电表的改装与校准是一个重要的基础实验。通过本次实验，学生可以掌握电表的基本原理，了解如何将微安表改装成大量程电流表和电压表，并学会校准这些改装后的电表。这不仅提高了学生的动手操作能力，也增强了他们的实验设计和数据分析能力。

二、实验目的

(1)学习用比较法测量85C1表头的内阻。

(2)学会电表改装的基本知识与原理。

(3)掌握电压表和电流表的改装与校准方法。

三、实验仪器

自组惠斯通电桥、开尔文电桥实验仪一台、85C1 表头、旋具、万用表、导线若干。

四、实验原理

1. 将 85C1 表头改装成大量程电流表

如图 3-1-1 所示，将表头并联一电阻 R_S，使电流大部分从分流电阻流过，设 85C1 表头的内阻为 R_g，流过的电流为 I_g，根据欧姆定律

原理讲解

$$(I-I_g)R_S=I_gR_g \tag{3-1-1}$$

$$R_S=I_gR_g/(I-I_g) \tag{3-1-2}$$

设 $n=I/I_g$，则

$$R_S=R_g/(n-1) \tag{3-1-3}$$

2. 将 85C1 表头改装成大量程电压表

如图 3-1-2 所示，将表头串联一电阻 R_H，使表头能够测量较大电压值，根据欧姆定律

$$I_g(R_g+R_H)=U \tag{3-1-4}$$

$$R_H=U/I_g-R_g \tag{3-1-5}$$

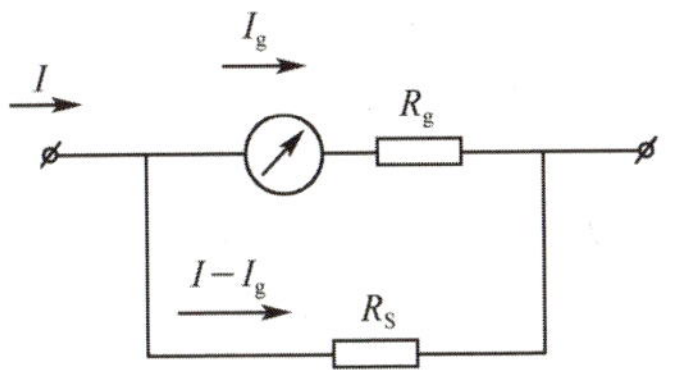

图 3-1-1　85C1 表头并联电阻

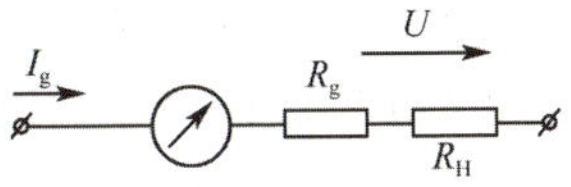

图 3-1-2　85C1 表头串联电阻

3. 电表的校准

电表经过扩量程后需要经过校准才能使用，将改装表与标准表进行校准，当两表通过相同的电压(或电流)时，若待校表的读数为 I，标准表的读数为 I_S，则该刻度的修正值为 $\Delta I=I-I_S$，最后绘制校准曲线。

五、实验步骤及内容

1. 测量 85C1 表头内阻 R_g，电流 I_g

按如图 3-1-3 所示连接电路，将表头与标准电流表串联，调节电源电压和标准电流表量程，使表头满偏。记录标准电流表示数，为 85C1 表头电流 I_g。用便携式万用表可直接测得 85C1 内阻 R_g，或采用替代法测量表头内阻。断开表头，用电阻箱替代，调节电阻箱阻值，使标准电流表示数与之前相同。记录此时电阻箱阻值，即为表头内阻。

实验操作

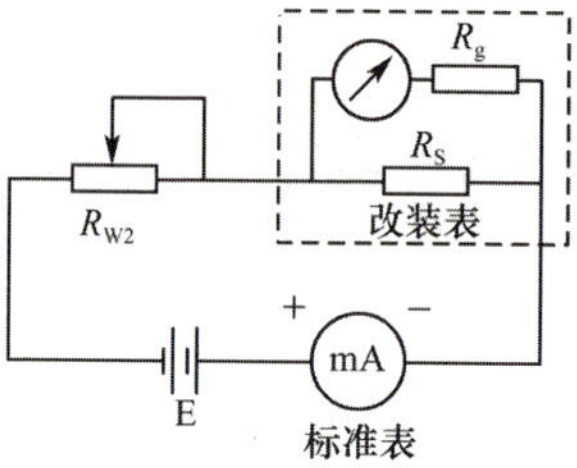

图 3-1-3　表头测量电路

2. 将 85C1 表头改装成 5 mA 电流表

按如图 3-1-4 所示连接电路，根据所需量程，计算分流电阻的阻值。将分流电阻与表头并联，连接电路。调节电源电压，从零开始逐渐增大，记录改装电流表和标准电流表的示数。

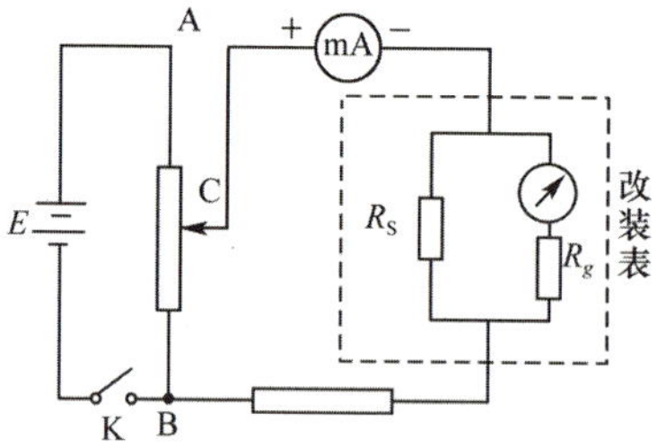

图 3-1-4　表头改装电流表

3. 将 85C1 表头改装成 5 V 电压表

按如图 3-1-5 所示连接电路，根据所需量程，计算分压电阻的阻值。将分压电阻与表头串联，连接电路。调节电源电压，从零开始逐渐增大，记录改装电压表和标准电压表的示数。

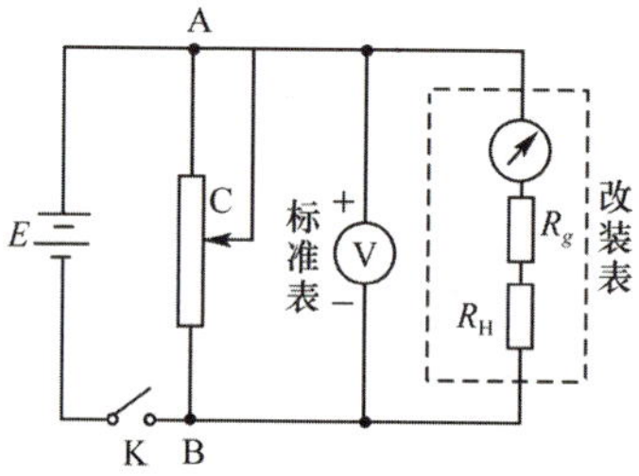

图 3-1-5　表头改装电压表

4. 改装后电表校准

电表改装后要通过校准再开始使用。对改装后的电流表和电压表进行校准，调节电源电压，使改装表的示数从零逐渐增大到满量程，记录各主要刻度点的标准表示数。计算各刻度点的误差，确定改装表的准确度等级。

数据处理

六、实验数据处理

（1）改装成电流表，将测量数据填入表 3-1-1。

表 3-1-1　　电流表的改装和校准

I_g/mA;R_g/Ω;$R_{S理}$/Ω;$R_{S实}$/Ω;改装表量程/V					
I/mA	1.0	2.0	3.0	4.0	5.0
I_{S1}/mA(0～5.0mA)					
I_{S2}/mA(5.0～0mA)					
I_S/mA$\left(I_S=\frac{1}{2}(I_{S1}+I_{S2})\right)$					
ΔI/mA($\Delta I=I_S-I$)					

(2)改装成电压表,将测量数据填入表 3-1-2。

表 3-1-2　　电压表的改装和校准

I_g/mA;R_g/Ω;$R_{H理}$/Ω;$R_{H实}$/Ω;改装表量程/V										
U/V	0.3	0.6	0.9	1.2	1.5	1.8	2.1	2.4	2.7	3.0
U_{S1}/V (0～3 V)										
U_{S2}/V (3 V～0)										
U_S/V $U_S=\frac{1}{2}(U_{S1}+U_{S2})$										
ΔU/V ($\Delta U=U_S-U$)										

注意事项

(1)接通电路时,应先连接电路再接通电源。

(2)测量电阻之前必须先用万用表测量待测电阻的大致阻值,以保证电桥的正常使用。

思考题

1. 零点和满度校准好后,之间各刻度也不准,产生这一结果的原因是什么?

2. 如果要制作一个线性量程的欧姆表,应该怎样设计实验?

实验二　伏安法测量非线性电阻的特性

一、实验背景

【伏安特性曲线】

伏安特性曲线描述了电气元件（如电阻、二极管、晶体管等）或材料在不同电压下的电流响应。它通常表现为电压（V）与电流（I）之间的关系图，反映了元件的导电特性。伏安特性曲线可以是线性的、非线性的或者复杂的形状，取决于所研究对象的物理机制。例如，在锂离子电池研究中，通过循环伏安测试技术可以揭示电池在充放电过程中的电化学反应，从而指导电池材料的选择和电池设计的优化。在太阳能电池领域，伏安特性曲线分析有助于理解电池在光照下的电流产生机制，对于提高电池转换效率至关重要①。

【线性元件与非线性原件】

线性元件是指其伏安特性（V-I 特性）满足欧姆定律的电路元件，即这些元件两端的电压与通过它们的电流成正比。这种比例关系可以用一个常数，即电阻（R）来描述。由于线性元件的行为可以通过简单的数学模型来描述，因此设计和分析复杂电路时可以大大简化计算过程。常见的线性元件包括电阻器、理想运算放大器等。

非线性元件是指其伏安特性（电压-电流关系）不是线性的元件，即它们的 V-I（电压-电流）关系不遵循欧姆定律。这些元件的特性通常表现为曲线形状，反映了元件的电阻、电感或电容等参数随电压或电流变化的复杂行为。非线性元件与线性元件相比，能够提供更多的功能和灵活性。线性元件通常具有恒定的比例常数，即它们的输出与输入之间存在线性关系。这种特性使得线性元件在分析和设计上相对简单，但同时也限制了其应用范围。常用的非线性元件有二极管、热敏电阻、压敏电阻等。

二、实验目的

（1）能够熟练操作直读式仪表和直流稳压电源等仪器，确保实验数据的准确采集。

（2）具备对线性与非线性电阻元件进行伏安特性分析的能力。

三、实验仪器

（1）自组惠斯通电桥、开尔文电桥实验仪。

（2）测试导线。

---

①牛凯，李静如，李旭晨，等．电化学测试技术在锂离子电池中的应用研究［J］．中国测试，2020，46（07）：90-101．

四、实验原理

电阻元件的端电压与电流满足欧姆定律

$$U=IR \tag{3-2-1}$$

原理讲解

当 R 不变时，其端电压与电流成正比，称为线性电阻元件。若不符合上述条件，则称非线性电阻元件。电阻元件的电流和电压的关系可用伏安特性曲线来表示，斜率即为电阻值，如图 3-2-1 所示。

半导体二极管是一种非线性电阻元件，随着电流改变，其阻值也不断变化，伏安特性为非对称曲线，如图 3-2-2 所示。

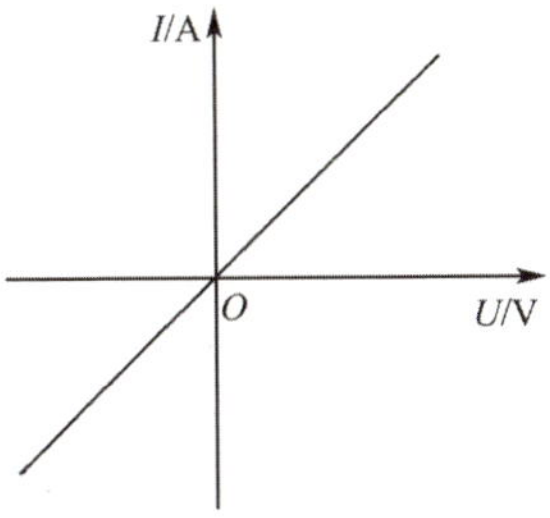

图 3-2-1　线性电阻伏安特性

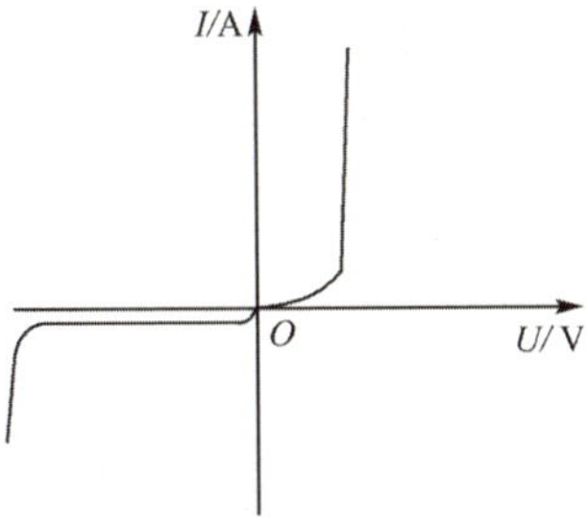

图 3-2-2　半导体二极管伏安特性

五、实验步骤及内容

1. 测定线性电阻的伏安特性

(1)按图 3-2-3 接线，将开关 K3 拨至“A”，将电压表并联至 R_4 两端。

(2)打开电源，从 0 V 逐渐增大(不能超过 10 V)，将电流值记录在表 3-2-1 中。并画出线性电阻伏安特性曲线至图 3-2-4 中。

实验操作

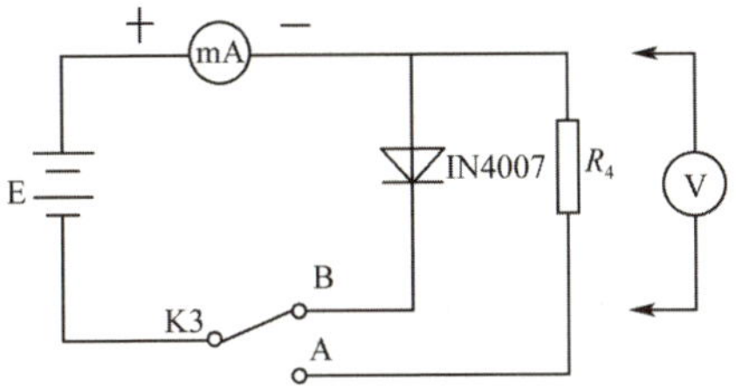

图 3-2-3　测定线性电阻的伏安特性电路

2. 测定半导体二极管的伏安特性

(1)测量二极管的正向特性

按图 3-2-3 接线，将开关拨至“B”，逐渐增大电压，将电流值记录在表 3-2-2 中。并画出二极管正向伏安特性曲线至图 3-2-5 中。

(2)测量二极管的反向特性

对调电源正、负连线，调节 R_{W1}，将电压值逐渐减小(不能超过 -18 V)，将电流值记录在表 3-2-3 中。并画出二极管负向伏安特性曲线至图 3-2-6 中。

六、数据处理

表 3-2-1　　线性电阻伏安特性数据

U/V	0	1	2	3	4	5
I/mA						
U/V	6	7	8	9	10	
I/mA						

表 3-2-2　　二极管正向特性实验数据

U/V	0	0.2	0.4	0.45	0.5
I/mA					
U/V	0.55	0.6	0.65	0.7	0.71
I/mA					

表 3-2-3　　二极管反向特性实验数据

U/V	0	−2.5	−5	−7.5
I/mA				
U/V	−10	−15	−17	
I/mA				

实验操作

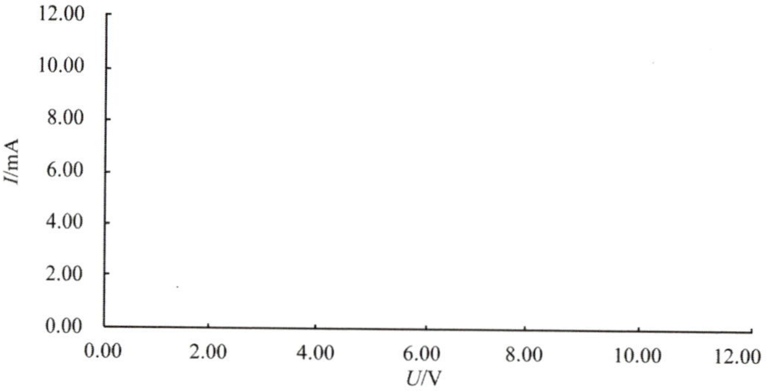

图 3-2-4　线性电阻伏安特性曲线

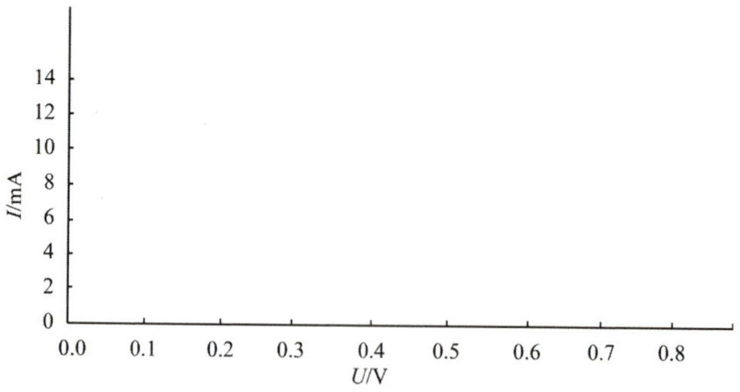

图 3-2-5　二极管正向伏安特性曲线

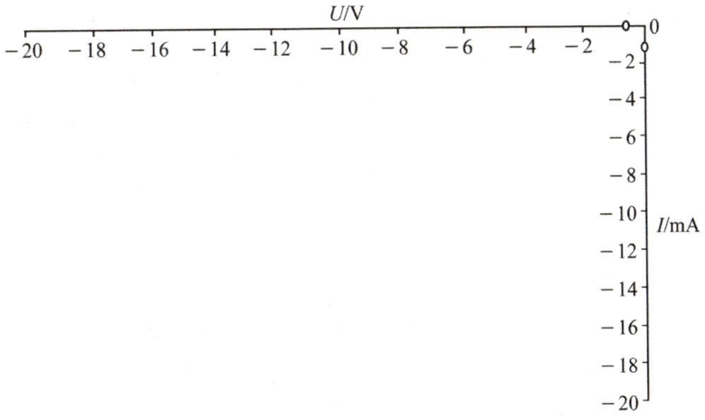

图 3-2-6　二极管负向伏安特性曲线

注意事项

(1)切记不可让稳压电源的输出导线触碰,以防短路。

(2)在调节过程中,直流稳压电源从 0 V 开始,缓慢提升输出电压,全程密切关注直流数字电压表及直流数字电流表的读数,谨防超出预定范围。

(3)实验期间,需持续关注直流数字电流表与直流数字电压表的数值波动,确保所有仪表读数不超出量程限制,防止过载。

思考题

1. 根据二者伏安特性曲线,线性电阻与二极管性质的差异都有哪些?

2. 测量二极管伏安特性实验过程中,应如何避免毫安表或二极管被烧坏?

小贴士

1. 电阻简介

电阻是指物质对电流流动的阻碍程度,通常用欧姆,Ω,作为单位。电阻的大小取决于材料的性质、尺寸和温度。在电路中,电阻器用来限制电流的大小、分配电压或者作为加热元件等。根据其特性和用途,电阻可以分为多种类型。以下是一些常用的电阻。

(1)固定电阻:这种电阻的阻值是固定不变的,广泛应用于各种电子电路中。它们通常具有较小的公差,适用于对精度要求较高的场合。

(2)可变电阻:可变电阻的阻值可以调节,包括旋钮式电位器和滑动式电位器等。它们用于需要调整电路参数的场景。

(3)热敏电阻:热敏电阻的阻值会随着温度的变化而变化。NTC(负温度系数)热敏电阻在温度升高时阻值减小,而 PTC(正温度系数)热敏电阻在温度升高时阻值增大。

(4)光敏电阻:光敏电阻的阻值受到光照强度的影响。在光线照射下,其阻值会降低。

(5)压敏电阻:压敏电阻的阻值会随着施加在其上的电压或压力的变化而变化。它们通常用于过压保护(图 3-2-7)。

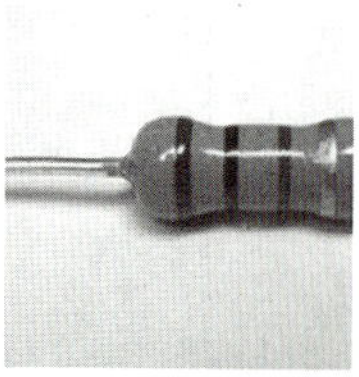

(a)固定电阻

(b)可变电阻

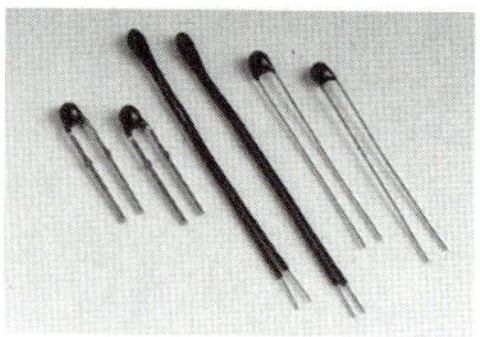

(c)热敏电阻

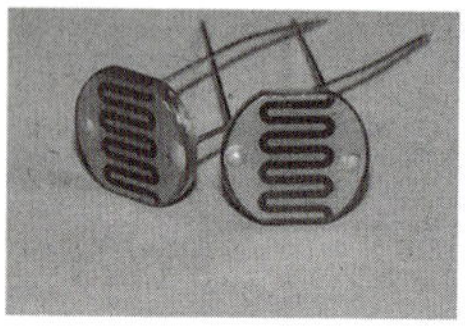

(d)光敏电阻

(e)压敏电阻

图 3-2-7　不同类型的电阻

2. 二极管简介

二极管作为一种电子器件，是利用半导体材料，如硅、硒、锗等制作而成的①。二极管有两个电极，正极（阳极）和负极（阴极），给二极管两极间加上正向电压时，二极管导通，加上反向电压时，二极管截止②。二极管如图 3-2-8 所示。

二极管是一种具有单向导电性质的半导体器件。这种单向导电性是由于二极管内部 PN 结的存在。在正常情况下，当二极管正向偏置（正极连接 P 区，负极连接 N 区）时，PN 结内部的电场减弱，载流子（电子和空穴）能够跨越势垒，导致电流流过二极管。相反，当二极管反向偏置时，PN 结内部的电场增强，形成了一个较高的势垒，阻止了载流子的流动，因此几乎没有电流通过二极管。

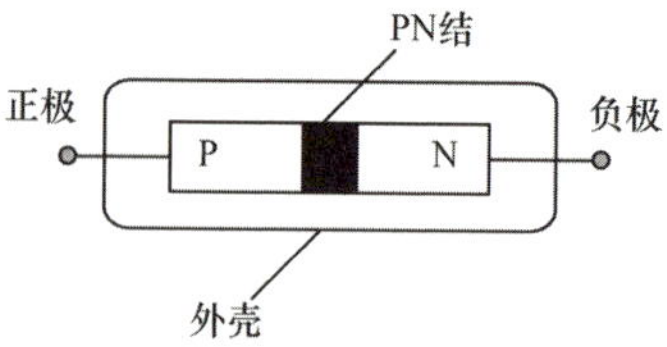

(a)二极管结构

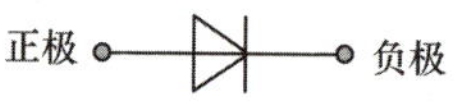

(b)二极管的电路符号

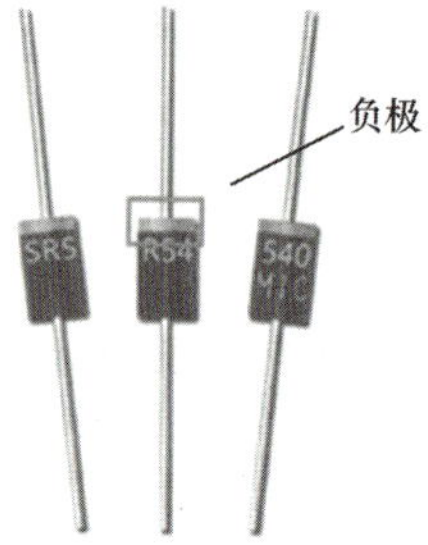

(c)

图 3-2-8　二极管

这种单向导电性使得二极管在整流电路中发挥着重要作用，可以将交流电转换为脉动直流电。此外，二极管还广泛应用于信号检波、稳压、开关电源等多种电子电路中。二极管的这种特性是由其内部的能级结构和载流子动力学决定的，是半导体物理的直接体现。

---

①刘鹏. 浅议二极管的原理[J]. 中学物理，2015，33(21)：24-25.

②于敏，张嘉. 二极管开关特性探讨[J]. 信息通信，2012，(01)：70-71.

第四章　虚拟仿真实验

实验一　落球法测液体黏滞系数

一、实验背景

当液体内各部分之间有相对运动时，接触面之间存在内摩擦力，阻碍液体的相对运动，这种性质称为液体的黏滞性，液体的内摩擦力称为黏滞力。黏滞力的大小与接触面面积以及接触面处的速度梯度成正比，比例系数 η 称为黏度(黏滞系数)。

对液体黏滞性的研究在流体力学、化学化工、医疗、水利等领域都有广泛的应用，例如在用管道输送液体时要根据输送液体的流量、压力差、输送距离及液体黏度设计输送管道的口径。

测量液体黏度可用落球法、毛细管法、转筒法等方法，其中落球法适用于测量黏度较高的液体。

黏滞系数除与流体性质有关外，还与温度、压强有关。气体的黏性则基本上不受压强的影响。压强不太大时，液体黏性变化不大；压强很高时，黏性才急剧增大。气体的黏滞系数随温度的升高而增大，液体的黏滞系数随温度升高而迅速减小。例如，对于蓖麻油，在室温附近温度改变 1 ℃，黏度值改变约 10%。

重同位素液态氦(4He)在温度 2.6 K(−270.4 ℃)以下，它的黏滞性迅速减小；在 2.17 K 时，它就几乎完全失去了黏滞性，这种特殊的性质叫作超流性，这一现象是由卡皮查于 1938 年通过实验发现的。He 变为超流体时，液体中的原子会突然失去随机运动的特性，而以有序的方式运动。于是，液体失去了所有的内摩擦力，表现出一系列奇特的性质。比如液氦能在管径约 0.1 μm 的毛细管内流动，几乎不依赖于压强，与电流在超导环里传导没有电压降相似。氦的另一种同位素 ^{3}He 在 mK 级温度下也表现为超流性。氦的超流体的发现有重要的意义，比如直接采用超流体 ^{4}He 作为冷却介质用于超导器件和空间探测元件的冷却等，He 的超流性在低温技术和天体物理学上也有着奇特的应用。

二、实验目的

(1)观察液体中的摩擦现象。

(2)掌握用落球法测定液体黏度的原理和方法。

(3)熟悉斯托克斯公式。

三、实验仪器

(1)变温黏度测量仪(图 4-1-1)。

(2)PID 温控实验仪(图 4-1-2)。

(3)停表。

(4)螺旋测微器。

(5)钢球和金属镊子。

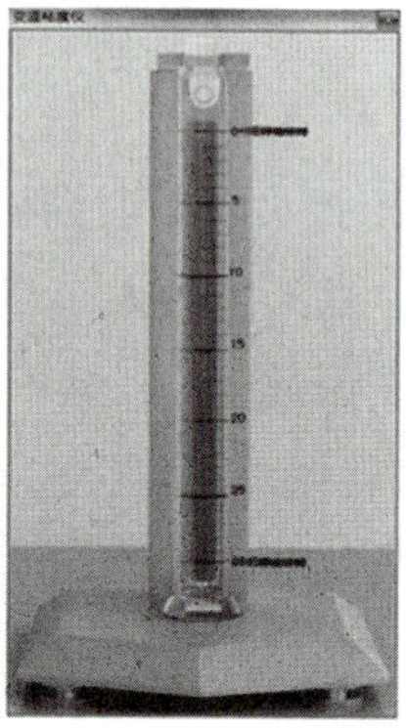

图 4-1-1　变温黏度测量仪

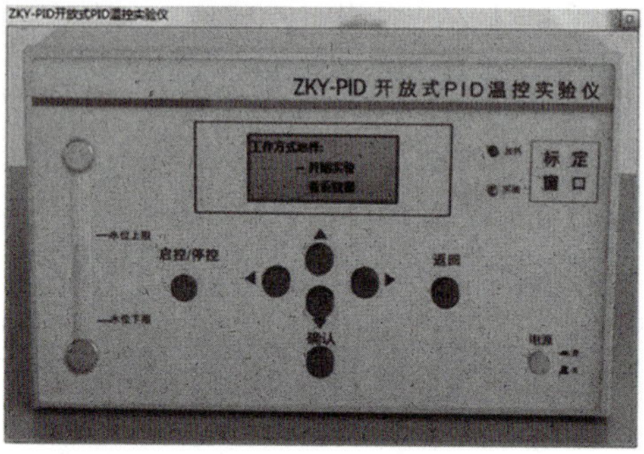

图 4-1-2　PID 温控实验仪

四、实验原理

实验原理

落球法测定液体黏度原理

利用雷诺数 Re 来表征液体运动状态的量纲为一参数。

$$Re=\frac{v_0 d\rho_0}{\eta} \tag{4-1-1}$$

在静止的液体中,小球以 v_0 匀速下落,根据斯托克斯公式可求得黏滞阻力。当 Re 小于 0.1 时,液体黏滞阻力的表达式为

$$\eta=\frac{(\rho-\rho_0)gd^2}{18v_0(1+2.4d/D)} \tag{4-1-2}$$

式中:d 为小球直径;D 为玻璃管直径;ρ 为小球密度;ρ_0 为液体密度。

当 $0.1<Re<1$ 时,应考虑 1 级修正项的影响。黏度 η_1 可表示为

$$\eta_1=\frac{(\rho-\rho_0)gd^2}{18v_0(1+2.4d/D)(1+3Re/16)}=\eta\frac{1}{1+3Re/16} \tag{4-1-3}$$

当 Re 大于 1 时,还须考虑高次修正项,

$$\eta_1=\eta-\frac{3}{16}v_0 d\rho_0 \tag{4-1-4}$$

已知或测量得到 ρ、ρ_0、D、d、v_0 等参数后，由式(4-1-2)计算黏度 η，再由式(4-1-1)计算 Re，若需计算 Re 的 1 级修正，则由式(4-1-3)计算经修正的黏度 η_1。

五、实验内容与步骤

1. 检查仪器前面的水位管，将水箱水加到适当值

平常加水从仪器顶部的注水孔注入。若水箱排空后第一次加水，应该用软管从出水孔将水经水泵加入水箱，以便排出水泵内的空气，避免水泵空转(无循环水流出)或发出嗡鸣声。

实验操作

2. 设定 PID 参数

若对 PID 调节原理及方法感兴趣，可在不同的升温区段有意改变 PID 参数组合，观察参数改变对调节过程的影响，探索最佳控制参数。若只是把温控仪作为实验工具使用，则保持仪器设定的初始值，也能达到较好的控制效果。

3. 测定小球直径

由式(4-1-1)及式(4-1-3)可见，当液体黏度及小球密度一定时，雷诺数 $Re\propto d^3$。在测量蓖麻油的黏度时建议采用直径为 1～2 mm 的小球，这样可不考虑雷诺修正或只考虑 1 级雷诺修正。

用螺旋测微器测定小球的直径 d，并记录测量结果，记入表 4-1-1。求出小球直径的平均值。

4. 测定小球在液体中下落速度并计算黏度

(1)温控仪温度达到设定值后再等约 10 min，使样品管中的待测液体温度与加热水温完全一致，才能测液体黏度。

(2)用镊子夹住小球沿样品管中心轻轻放入液体，观察小球是否一直沿中心下落，若样品管倾斜，应调节其铅直。测量过程中，尽量避免对液体的扰动。

(3)用停表测量小球落经一段距离的时间 t，并计算小球速度 v_0，用式(4-1-2)或式(4-1-4)计算黏度 η，记入表 4-1-2。

(4)实验全部完成后，用磁铁将小球吸引至样品管口，用镊子夹入蓖麻油中保存，以备下次实验使用。

六、数据处理

1. 计算小球直径平均值

表 4-1-1　　测量小球直径

次数	1	2	3	4	5	6	7	8	9	10	平均值
d/mm											

2. 计算液体黏度

表 4-1-2　　黏度的测定(小球下落位移 $L=$______m)

温度/℃	t_1/s	t_2/s	t_3/s	t_4/s	t_5/s	平均值 t_p/s	速度/$m \cdot s^{-1}$	η/(Pa·s) 原测量值	Re	η/(Pa·s) 最终测量值
25										
30										
35										
40										
45										
50										
55										

3. 计算相对误差

表 4-1-3　　黏度相对误差

温度-黏度标准值 * η	30 ℃～0.451/(Pa·s)	40 ℃～0.231/(Pa·s)
黏度测量值 η/(Pa·s)		
相对误差/%		

4. 计算公式

小球密度 $\rho=7.8\times10^3\ kg \cdot m^{-3}$;蓖麻油密度 $\rho_0=0.95\times10^3\ kg \cdot m^{-3}$;

样品管直径 $D=2.0\times10^{-2}$ m;重力加速度 $g=9.8\ m/s^2$

(1) 小球直径的平均值

$$\bar{d}=\frac{\sum_{i=1}^{n} d_i}{n}=\frac{\sum_{i=1}^{10} d_i}{10}\times10^{-3}(m) \tag{4-1-5}$$

(2) 不同温度下时间的平均值

$$t_p=\frac{\sum_{i=1}^{n} t_i}{n}=\frac{\sum_{i=1}^{5} t_i}{5}(s) \tag{4-1-6}$$

(3)不同温度下小球下落的速度

$$v_0=\frac{L}{t_p}\ m/s \tag{4-1-7}$$

(4)不同温度下的黏度测量值

$$\eta=\frac{(\rho-\rho_0)gd^2}{18v_0(1+2.4d/D)}(Pa \cdot s) \tag{4-1-8}$$

(5)计算不同温度下的雷诺数 $Re=v_0d\rho_0/\eta$,判断 Re 的取值范围,确定黏度系数是否需要修正,公式为 $\eta_1=\eta-\frac{3}{16}v_0d\rho_0$,计算最终黏度系数。

(6)分别计算 30 ℃和 40 ℃液体黏度的相对误差。

$$E=\frac{\Delta\eta}{\eta_{真值}}\times100\%=\frac{(\eta_{测量值}-\eta_{真值})}{\eta_{真值}}\times100\% \tag{4-1-9}$$

注意事项

(1)由于要用镊子夹起小钢球，在最接近液面中心的地方下落。所以实验过程中往往不小心使镊子接触到液面沾上油渍。如果不擦干净再去夹小球，就会使盒子中的小球不能保持清洁，影响实验效果。

(2)千分尺使用时切记，用力测量物体时悬置，听到"咔咔"的声音就可以读数了，不要再用力推进旋杆，以免损坏。

思考题

1. 如何判断小球在液体中已处于匀速运动状态？
2. 影响测量精度的因素有哪些？至少列举三种因素。

小贴士

小球在达到平衡速度之前所经路程 L 的推导

由牛顿运动定律及黏滞阻力的表达式，可列出小球在达到平衡速度之前的运动方程

$$\frac{1}{6}\pi d^3\rho\frac{\mathrm{d}v}{\mathrm{d}t}=\frac{1}{6}\pi d^3(\rho-\rho_0)g-3\pi\eta\mathrm{d}v \tag{4-1-10}$$

经整理后得

$$\frac{\mathrm{d}v}{\mathrm{d}t}+\frac{18\eta}{d^2\rho}v=\left(1-\frac{\rho_0}{\rho}\right)g \tag{4-1-11}$$

这是一个一阶线性微分方程，其通解为

$$v=\left(1-\frac{\rho_0}{\rho}\right)g\cdot\frac{d^2\rho}{18\eta}+C\mathrm{e}^{-\frac{18\eta}{d^2\rho}t} \tag{4-1-12}$$

设小球以零初速度放入液体中，代入初始条件($t=0,v=0$)，定出常数 C 并整理后得

$$v=\frac{d^2g}{18\eta}(1-\rho_0)\cdot(1-\mathrm{e}^{-\frac{18\eta}{d^2\rho}t}) \tag{4-1-13}$$

随着时间增大，式(4-1-13)中的负指数项迅速趋近于 0，由此得平衡速度

$$v_0=\frac{d^2g}{18\eta}(\rho-\rho_0) \tag{4-1-14}$$

式(4-1-14)与式(4-1-12)是等价的，平衡速度与黏度成反比。设从速度为 0 到速度达到平衡速度的 99.9%这段时间为平衡时间 t_0，即令

$$\mathrm{e}^{-\frac{18\eta}{d^2\rho}t}=0.001 \tag{4-1-15}$$

由式(4-1-15)可计算平衡时间。若钢球直径为 10^{-3} m，代入钢球的密度 ρ，蓖麻油的密度及 40 ℃时蓖麻油的黏度 $\eta=0.231$ Pa·s，可得此时的平衡速度约为 $v_0=0.016$ m/s，平衡时间约为 $t_0=0.013$ s。平衡距离 L 小于平衡速度与平衡时间的乘积，在我们的实验条件下，小于 1 mm 基本可认为小球进入液体后就达到了平衡速度。

2. 落球法测定液体黏度原理

一个在静止液体中下落的小球受到重力、浮力和黏滞阻力 3 个力的作用，如果小球的

速度 v 很小，且液体可以看成在各方向上都是无限广阔的，则从流体力学的基本方程可以导出表示黏滞阻力的斯托克斯公式

$$F=3\pi\eta vd \tag{4-1-16}$$

式(4-1-16)中 d 为小球直径。由于黏滞阻力与小球速度成正比，小球在下落很短一段距离后，所受3力达到平衡，小球将以 v_0 匀速下落，此时有

$$\frac{1}{6}\pi d^3(\rho-\rho_0)g=3\pi\eta vd \tag{4-1-17}$$

式中：ρ 为小球密度，ρ_0 为液体密度。由式(4-1-17)可解出黏度 η 的表达式

$$\eta=\frac{(\rho-\rho_0)gd^2}{18v_0} \tag{4-1-18}$$

本实验中，小球在直径为 D 的玻璃管中下落，液体在各方向无限广阔的条件不满足，此时黏滞阻力的表达式可加修正系数 $(1+2.4d/D)$，而式(4-1-18)可修正为

$$\eta=\frac{(\rho-\rho_0)gd^2}{18v_0(1+2.4d/D)} \tag{4-1-19}$$

当小球的密度较大，直径不是太小，而液体的黏度值又较小时，小球在液体中的平衡速度 v_0 会达到较大的值，奥西思-果尔斯公式反映出了液体运动状态对斯托克斯公式的影响

$$F=3\pi\eta v_0 d\left(1+\frac{3}{16}Re-\frac{19}{1080}Re^2+\cdots\right) \tag{4-1-20}$$

式中：Re 称为雷诺数，是表征液体运动状态的无量纲参数。

$$Re=v_0 d\rho_0/\eta \tag{4-1-21}$$

当 Re 小于 0.1 时，可认为式(4-1-16)、式(4-1-18)成立。当 $0.1<Re<1$ 时，应考虑式(4-1-19)中1级修正项的影响，当 Re 大于1时，还须考虑高次修正项。

考虑式(4-1-20)中1级修正项的影响及玻璃管的影响后，黏度 η_1 可表示为

$$\eta_1=\frac{(\rho-\rho_0)gd^2}{18v_0(1+2.4d/D)(1+3Re/16)}=\eta\frac{1}{1+3Re/16} \tag{4-1-22}$$

由于 $3Re/16$ 是远小于1的数，将 $1/(1+3Re/16)$ 按幂级数展开后近似为 $1-3Re/16$，式(4-1-22)又可表示为

$$\eta_1=\eta-\frac{3}{16}v_0 d\rho_0 \tag{4-1-23}$$

已知或测量得到 ρ、ρ_0、D、d、v 等参数后，由式(4-1-19)计算黏度 η，再由式(4-1-21)计算 Re，若需计算 Re 的1级修正，则由式(4-1-23)计算经修正的黏度 η_1。

在国际单位制中，η 的单位是 Pa·s(帕斯卡·秒)，在 cm、g、s 制中，η 的单位是 P(泊)或 cP(厘泊)，它们之间的换算关系是

$$1\ \text{Pa}\cdot\text{s}=10\ \text{P}=1\ 000\ \text{cP} \tag{4-1-24}$$

实验二　声速的测量

一、实验背景

在弹性介质中，频率从 20 Hz 到 20 kHz 的振动所激起的机械波称为声波，高于 20 kHz 的称为超声波，超声波的频率范围在 $2\times10^4\sim5\times10^8$ Hz 之间。超声波的传播速度就是声波的传播速度。超声波具有波长短、易于定向发射等优点，在超声波段进行声速测量比较方便。

超声波在媒质中的传播速度与媒质的特性及状态等因素有关。因而通过媒质中声速的测定，可以了解媒质的特性或状态变化。例如，测量氯气、蔗糖等气体或溶液的浓度、氯丁橡胶乳液的比重以及输油管中不同油品的分界面等，这些问题都可以通过测定这些物质中的声速来解决。可见，声速测定在工业生产上具有一定的实用意义。

振动学是研究声源的理论基础，从伽利略的工作到虎克定律的发现，都是振动学的实验研究。十八世纪数学的发展推动了声学理论的发展。为机械振动的研究开辟了近代声振动研究的新方向。

目前声学的发展已经广泛渗入到国民经济以及国防建设等各个领域，并形成了一些新的交叉学科。推动了许多边缘学科的产生和发展。如水声领域的各类型声纳的发展，医学及工业中的超声成像及武器装备中的声波武器等都与声学的发展有着密不可分的关系。正在进行研究的课题有超声马达、声致发光，时空有限的波在界面上的反射、透射、厅堂声混响、磁流体声波以及声波在工程检测中的应用等问题。在基础研究方面，曾在液晶非线性动力学问题的研究中发现指向波。

在科研和工程技术领域，通常都要对各种信号进行测量借以了解信号的特征和所携带的各种信息，示波器是一种用途广泛的电子测量仪器，它能直接测量电信号，也能通过换能器把各种非电信号转化为电信号来测量。它既能显示信号的波形，也能测定信号的幅度、周期和频率等参数。本实验用压电陶瓷超声换能器来测定超声波在空气中的传播速度，它是非电量电测方法的一个例子。

二、实验目的

(1)了解换能器的功能。

(2)熟悉示波器、信号发生器等常用仪器的使用。

(3)掌握用逐差法处理数据的方法。

三、实验仪器

(1)示波器(图 4-2-1)。

(2)信号发生器。

(3)声速仪(图 4-2-2)。

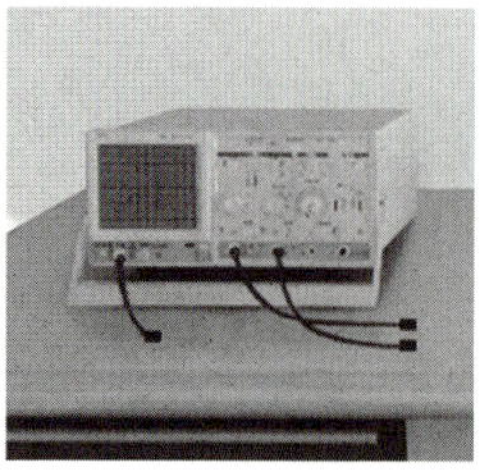

图 4-2-1 示波器

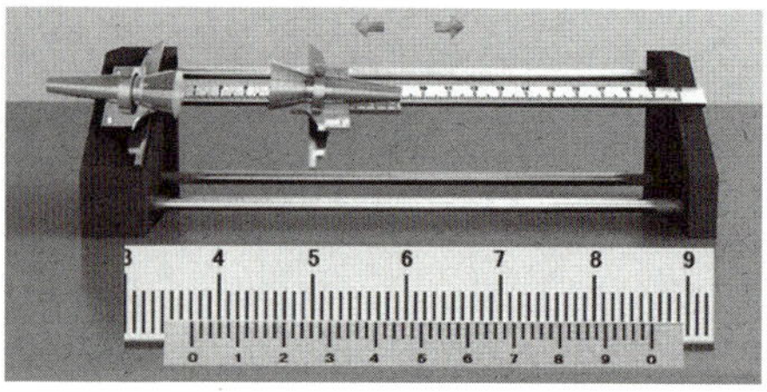

图 4-2-2 超声声速测试仪

四、实验原理

实验原理

由波动理论可知，波速与波长、频率有如下关系 $v=f\lambda$。

1. 驻波法测波长

由声源发出的平面波经前方的平面反射后，入射波与反射波叠加，叠加后合成波为

$$y=(2A\cos 2\pi X/\lambda)\cos 2\pi ft \tag{4-2-1}$$

各点振幅最大，称为波腹，对应的位置

$$X=\pm n\lambda/2 \quad n=0,1,2,3\cdots\cdots \tag{4-2-2}$$

各点振幅最小，称为波节，对应的位置

$$X=\pm(2n+1)\lambda/4 \quad n=0,1,2,3\cdots\cdots \tag{4-2-3}$$

因此只要测得相邻两波腹(或波节)的位置 X_n、X_{n-1}，即可得波长。

2. 相位比较法测波长

从换能器 S_1发出的超声波到达接收器 S_2，所以在同一时刻 S_1与 S_2处的波有一相位差

$$\varphi=2\pi x/\lambda \tag{4-2-4}$$

其中 λ 是波长，x 为 S_1 和 S_2 之间距离。当准确观测相位差变化一个周期时接收换能器移动的距离，即可得出其对应声波的波长 λ，再根据声波的频率，即可求出声波的传播速度。

利用李萨如图形就可以测得超声波的波长，如图 4-2-3 所示。

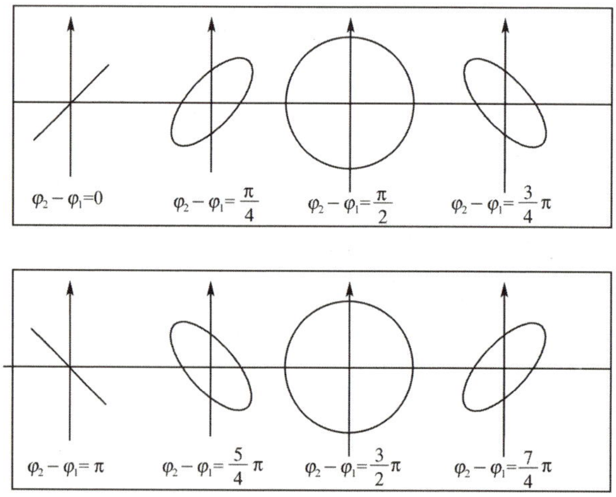

图 4-2-3 李萨如图形

3. 逐差法处理数据

设：本次共测量了 $2N$ 次，则$\overline{\Delta X}$ 为

$$\overline{\Delta X}=\sum_{k=1}^{n}(X_{n+k}-X_{k})/n^{2} \qquad (4\text{-}2\text{-}5)$$

从而得到$\overline{\Delta X}$。

五、实验步骤及内容

1. 驻波法测量声速

驻波法测量声速实验操作

(1)调节信号发生器。选择超声波频率约 35 kHz，选择合适的波幅，输入正弦波。

(2)移动游标尺并调节信号发生器的输出频率，使示波器的信号幅度最大。调整信号发生器谐振频率，移动尺的游标，使换能转换器 S_2 与 S_1 端面距离 5 cm 左右，调节低频信号发生器输出的正弦幅度，同时调整接收端的示波器，使示波器屏幕上有适当的信号幅度，然后移动游标尺寻找信号幅度最强的位置，找到后调节信号发生器的输出频率，使示波器上的信号幅度最大，微调输出频率，使示波器的信号幅度最大。

(3)调节移动尺，观察示波器的信号幅度变化，了解波的干涉。

(4)观察出现信号幅度最大时磁鼓的位置，记录数据。从出现两次半波长为起点(示波器上显示信号幅度最大处(波幅处)为起点，记下读数，缓慢增加移动磁鼓的位置，依次记录下每次信号幅度最大时移动磁鼓的位置 $X_1, X_2\cdots X_{10}$ 共 10 个值；再缓慢的减小间距 X，记录下次出现信号幅度最大时移动磁鼓的位置 $X'_1, X'_2\cdots X'_{10}$ 共 10 个值，用逐差法计算处理数据，计算出波长。

(5)利用公式 $v=f\lambda$ 计算声速。

2. 相位法测量声速

相位法测测量声速实验操作

(1)调节信号发生器。选择超声波频率约 35 kHz，选择合适的波幅，输入正弦波。

(2)移动游标尺并调节信号发生器的输出频率，使示波器的信号幅度最大。调整信号发生器谐振频率，移动尺的游标，使换能转换器 S_2 与 S_1 端面距离 5 cm 左右，调节低频信号发生器输出的正弦幅度，同时调整接收端的示波器，使示波器屏幕上有适当的信号幅度，然后移动游标尺寻找信号幅度最强的位置，找到后调节信号发生器的输出频率，使示波器上的信号幅度最大，微调输出频率，使示波器的信号幅度最大。可适当调节 v/tiv 旋钮，以寻找系统的准确谐振频率 f。

(3)调节示波器使屏上出现李萨如图形。缓慢调节移动尺，增大或减小移动游标尺间距(改变两输入波的相位差)，屏幕反复出现李萨如图形，每移动半个波长就会出现直线图形。

(4)观察每次出现直线时磁鼓的位置，记录数据。从屏上直线出现为起点，缓慢增加移动磁鼓的位置，依次记录屏上每次出现直线时所对应的 $X_1, X_2\cdots X_{10}$ 共 10 个值；再缓慢地减小间距 X，记录下次出现直线时所对应的 $X'_1, X'_2\cdots X'_{10}$ 共 10 个值，用逐差法计算处理数据，计算出波长。

(5)利用公式 $v=f\lambda$ 计算声速。

六、数据处理

(1)利用驻波法得到半波长,计算出声速,填入表 4-2-1。

表 4-2-1 驻波法测量声速

信号发生器输出信号的频率/Hz:______										
内容	1	2	3	4	5	6	7	8	9	10
移动磁鼓的位置(增加)X_n/mm										
移动磁鼓的位置(减小)X'_n/mm										
平均值 AvgX_n/mm										
逐差法计算	$X'_6-X'_1$		$X'_7-X'_2$		$X'_8-X'_3$		$X'_9-X'_4$		$X'_{10}-X'_5$	
结果 ΔX										
结果平均值$\overline{\Delta X}$										

(2)利用相位法得到半波长,计算出声速,填入表 4-2-2。

表 4-2-2 相位法测量声速

信号发生器输出信号的频率/Hz:______										
内容	1	2	3	4	5	6	7	8	9	10
移动磁鼓的位置(增加)X_n/mm										
移动磁鼓的位置(减小)X'_n/mm										
平均值 AvgX_n/mm										
逐差法计算	X_6-X_1		X_7-X_2		X_8-X_3		X_9-X_4		$X_{10}-X_5$	
结果 ΔX										
结果平均值$\overline{\Delta X}$										

3. 计算公式

(1)驻波法测量声速

a. 利用逐差法公式$\overline{\Delta X}=\sum_{k=1}^{n}(X'_{n+k}-X'_k)/n^2$,计算得到$\overline{\Delta X}$。

b. 利用公式得到波长 λ。

c. 利用公式 $v=f\lambda$,得到驻波法测量声速的值。

(2) 相位法测量声速

a. 利用逐差法公式$\overline{\Delta X}=\sum_{k=1}^{n}(X_{n+k}-X_k)/n^2$,计算得到$\overline{\Delta X}$。

b. 利用公式得到波长 λ。

c. 利用公式 $v=f\lambda$，得到相位法测量声速的值。

七、注意事项

(1)确保换能器 S_1 和 S_2 端面的平行。

(2)信号发生器输出信号频率与压电换能器谐振频率保持一致。

(3)注意驻波法和相位法的状态切换。

思考题

1. 用共振干涉法和相位比较法测声速有何相同和不同？

2. 各种气体中的声速是否相同？为什么？

小贴士

1. 声波在空气中的传播速度

在空气中声波的传播速度为

$$v=\frac{1}{\sqrt{\rho X}} \tag{4-2-6}$$

式中：ρ 是气体的密度；X 是压缩系数。在理想气体状态近似条件下，有 $X=1/(\gamma\rho)$，将其代入式(4-2-6)，得

$$v=\sqrt{\frac{\gamma p}{\rho}}=\sqrt{\frac{\gamma RT}{M}} \tag{4-2-7}$$

式中，$R=8.31\ \mathrm{J/(mol\cdot K)}$为摩尔气体常量；$M$ 是气体的摩尔质量；$\gamma=C_p/C_V$ 为比热容比；T 为热力学温度。由式(4-2-7)可知，声速与气体的温度、摩尔质量及比热容比有关。利用摄氏温标与热力学温标之间的换算关系，可将式(4-2-7)用摄氏温标表示为

$$v=v_0\sqrt{1+\frac{t}{T_0}}=v_0\sqrt{1+\frac{t}{T_0}} \tag{4-2-8}$$

式中：$v_0=\sqrt{\frac{\gamma RT_0}{M}}=331.45\ \mathrm{m/s}$ 为在标准状态下干燥空气中的声速，$T_0=273.25\ \mathrm{K}$。式(4-2-8)可作为空气中声速的理论计算公式。

2. 空气中声速的测量原理

声速的测量方法可以分为两类：一类是根据运动学理论 $v=L/t$，通过测量声波传播的距离 L 与所用的时间相比而获得 v。另一类是根据波动学理论，由声速与频率、波长间的关系

$$v=f\cdot\lambda \tag{4-2-9}$$

可知，测出声波的频率 f 与波长 λ，即可由式(4-2-9)算出声速 v。

3. 关于驻波法测量声速

实际驻波法推导要比在原理中讲述复杂的多。根据波动理论，由于超声波在换能器中的传播速度比在空气中大得多，在接收器一端，从声压来考查是波腹，从声振幅来考查

则是波节。改变两换能器之间的距离，当二者之间的距离是半波长的整数倍时，则两换能器的端面将组成共振腔，声波在共振腔的两个端面之间反复往返将形成稳定的驻波，在发射换能器和接收换能器处，声波的幅度（声压）都达到极大值，此时称为“共振”。在相邻极大值之间，两换能器间的距离变化量为$\lambda/2$。

由波腹（或波节）条件可知，相邻两个波腹（或波节）间的距离为$\lambda/2$，当T_1和T_2间的距离L恰好等于半波长的整数倍，即当

$$L=n\cdot\frac{\lambda}{2}(n=0,1,2,3\cdots) \tag{4-2-10}$$

时，接收换能器T_2接收到的声压是极大值，在示波器上观察的经T_2转换成的电信号也是极大值。

由于衍射及其他损耗，自左向右各极大值的幅值随T_2到T_1间的距离增大而逐渐减小。为测量声波的波长，我们可连续地改变T_2到T_1的距离L，此时可观察到示波器上显示的信号幅度由一个极大变化到极小再到极大……这样周期性的变化，同时极大值的幅度在逐渐减小。由实验所得，随着信号幅度的每一次周期性的变化，T_1与T_2间的距离L也随之改变了$\lambda/2$（$\Delta L=L_{n+1}-L_n=(n+1)\dfrac{\lambda}{2}-n\dfrac{\lambda}{2}=\dfrac{\lambda}{2}$），该距离改变值可由游标卡尺读出，从而算出波长$\lambda$，进而由式(4-2-10)与已测得的频率$f$算出声速$v$。

由于声振幅随L的变化在极大值附近较尖锐，而在极小值附近较平坦，故测定极大值的位置比较精确。另外，由于压电换能器本身有一固有频率，当外加强迫振动的频率等于其固有频率时，压电换能器将产生共振。此情形下振动幅度最大，发出的声波的振幅也最大。所以实验时应仔细调节信号发生器的工作频率，使接收到的信号振幅为最大。

4. 逐差法处理数据

逐差法可以提高实验数据的利用率，减小随机误差的影响，另外也可减小实验中仪器误差分量，是一种常用的数据处理方法。

逐差法是针对自变量等量变化，因变量也做等量变化时，所测得有序数据等间隔相减后取其逐差平均值得到的结果。其优点是充分利用了测量数据，具有对数据取平均的效果，可及时发现差错或数据的分布规律，及时纠正或及时总结数据规律。它也是物理实验中处理数据常用的一种方法。

由误差理论可知，多次测量的算术平均值为最近真值，一般在连续测量等间隔数据时，常把数据分成两组，逐次求差再算平均值，这样得到的结果就保持了多次测量的优点.但应注意，只有在连续测量的自变量为等间隔变化，相应两个因变量之差均匀的情况下，才可用逐差法处理数据。

5. 实验装置介绍

超声声速测定仪由支架、游标卡尺及两只超声压电换能器组成（图 4-2-2）。两只换能器的位置分别与游标卡尺的主尺和游标相对定位，因此两只换能器间相对距离的变化量可由游标卡尺直接读出。两只换能器具有完全相同的结构，其中位于仪器左侧固定于卡尺上的一只换能器，其平面端面用于发射声波，即实现电声转换，另一只位于仪器右侧并固定于游标之上的换能器，其平面端面用于接收和反射声波，实现声电转换。

示波器各键（钮）功能如下（图 4-2-4）：

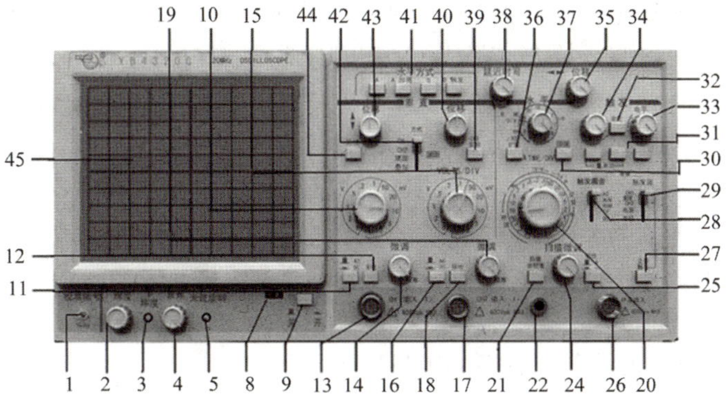

图 4-2-4 示波器

(1)主机电源

①图 4-2-4 中 1:标准信号输出端

②图 4-2-4 中 2:辉度旋钮(INTENSITY)

顺时针方向旋转旋钮,亮度增强。接通电源之前将该旋钮逆时针方向旋转到底。

③图 4-2-4 中 4:聚焦旋钮(FOCUS)

用亮度控制钮将亮度调节至合适的标准,然后调节聚集控制钮直至轨迹达到最清晰的程度。

④图 4-2-4 中 5:光迹旋转旋钮(TRACE ROTATION)

由于磁场的作用,当光迹在水平方向轻微倾斜时,该旋钮用于调节光迹与水平刻度线平行。

⑤图 4-2-4 中 8:电源图标

⑥图 4-2-4 中 9:电源开关(POWER)

将电源开关按键弹出即为"关"位置,将电源接入,按电源开关,以接通电源。

⑦图 4-2-4 中 45:显示屏

仪器的测量显示终端。

数据(1)校准信号输出端子(CAL)提供 1 kHz±2%,2 VP-P±2%方波作本机 Y 轴、X 轴校准用。

(2)垂直方向部分

①图 4-2-4 中 13:通道 1 输入端[CH1 INPUT(X)]

该输入端用于垂直方向的输入。在 X-Y 方式时输入端的信号称为 X 轴信号。

②图 4-2-4 中 17:通道 2 输入端[CH2 INPUT(Y)]

和通道 1 一样,但在 X-Y 方式时输入端的信号称为 Y 轴信号。

③图中 11、12、16、18:交流—直流—接地耦合选择开关(AC—DC—GND)选择输入信号与垂直放大器的耦合方式。

交流(AC):垂直输入端由电容器来耦合。

接地(GND):放大器的输入端接地。

直流(DC):垂直放大器的输入端与信号直接耦合。

④图 4-2-4 中 10、15:衰减器开关(VOLTS/DIV)

用于选择垂直偏转灵敏度的调节。如果使用的是 10∶1 的探头，计算时将幅度×10。

⑤图 4-2-4 中 14、19：垂直微调旋钮(VARIBLE)

垂直微调用于连续改变电压偏转灵敏度，此旋钮在正常情况下应位于顺时针方向旋转到底的位置。将旋钮逆时针方向旋转到底，垂直方向的灵敏度下降到 2.5 倍以下。

⑥图 4-2-4 中 43、40：垂直移位(POSITION)

调节光迹在屏幕中的垂直位置。

⑦图 4-2-4 中 42：垂直方式工作开关

选择垂直方向的工作方式。

通道 1 选择(CH1)：屏幕上仅显示 CH1 的信号。

通道 2 选择(CH2)：屏幕上仅显示 CH2 的信号。

双踪选择(DUAL)：同时按下 CH1 和 CH2 按钮，屏幕上会出现双踪并自动以断续或交替方式同时显示 CH1 和 CH2 上的信号。

叠加(ADD)：显示 CH1 和 CH2 输入电压的代数和。

⑧图 4-2-4 中 39：CH2 极性开关(INVERT)

按此开关时 CH2 显示反相电压值。

(3)水平方向部分

①图 4-2-4 中 20：主扫描时间因数选择开关(A TIME/DIV)

共 20 档，在 0.1 us/div～0.5 s/div 范围选择扫描速率。

②图 4-2-4 中 30：*X-Y* 控制键

如 *X*—*Y* 工作方式时，垂直偏转信号接入 CH2 输入端，水平偏转信号接入 CH1 输入端。

③图 4-2-4 中 21：扫描非校准状态开关键

按入此键，扫描时基进入非校准调节状态，此时调节扫描微调有效。

④图 4-2-4 中 24：扫描微调控制键(VARIBLE)

此旋钮以顺时针方向旋转到底时处于校准位置，扫描由 Time/Div 开关指示。该旋钮逆时针方向旋转到底，扫描减慢 2.5 倍以上。正常工作时，21 键弹出，该旋钮无效，即为校准状态。

⑤图 4-2-4 中 35：水平位移(POSITION)

用于调节轨迹在水平方向移动。顺时针方向旋转该旋钮向右移动光迹，逆时针方向旋转向左移动光迹。

⑥图 4-2-4 中 36：扩展控制键(MAG×5)

按下去时，扫描因数×5 扩展，扫描时间是 Time/Div 开关指示数值的 1/5。

⑦图 4-2-4 中 37：延时扫描 B 时间系数选择开关(B TIME/DIV)

共 12 档，在 0.1us/div～0.5ms/div 范围选择 B 扫描速率。

⑧图 4-2-4 中 41：水平工作方式选择(HORIZ DISPLAY)

主扫描(A)：按入此键主扫描单独工作，用于一般波形观察。

A 加亮(A INT)：选择 A 扫描的某区段扩展为延时扫描时可用此扫描方式。与 A 扫描相对应的 B 扫描区段(被延时扫描)以高亮度显示。

被延时扫描(B)：单独显示被延时扫描 B。

B 触发：选择连续延时扫描和触发延时扫描。

(4)触发系统(TRIGGER)

①图 4-2-4 中 29:触发源选择开关(SOURCE):选择触发信号源。

通道 1 触发(CH1,X—Y):CH1 通道信号是触发信号,当工作方式在 X—Y 时,波动开关应设置于此挡。

通道 2 触发(CH2):CH2 上的输入信号是触发信号。

电源触发(LINE):电源频率成为触发信号。

外触发(EXT):触发输入上的触发信号是外部信号,用于特殊信号的触发。

②图 4-2-4 中 27:交替触发(ALT TRIG)在双踪交替显示时,触发信号交替来自两个 Y 通道,此方式可用于同时观察两路不相关信号。

③图 4-2-4 中 26:外触发输入插座(EXT INPUT):用于外部触发信号的输入。

④图 4-2-4 中 33:触发电平旋钮(TRIG LEVEL):用于调节被测信号在某选定电平触发同步。

⑤图 4-2-4 中 32:电平锁定(LOCK)

无论信号如何变化,触发电平自动保持在最佳位置,不需人工调节电平。仿真实验中使用方法:右键单击进行顺时针旋转,左键单击进行逆时针旋转。

⑥图 4-2-4 中 34:释抑(HOLDOFF)

当信号波形复杂,用电平旋钮不能稳定触发时,可用此旋钮使波形稳定同步。

⑦图 4-2-4 中 25:触发极性按钮(SLOPE):触发极性选择,用于选择信号的上升沿和下降沿触发。

⑧图 4-2-4 中 31:触发方式选择(TRIG MODE)

自动(AUTO):在自动扫描方式时扫描电路自动进行扫描。在没有信号输入或输入信号没有被触发时,屏幕上仍然可以显示扫描基线。

常态(NORM):有触发信号才能扫描,否则屏幕上无扫描显示。当输入信号的频率低于 50Hz 时,请用常态触发方式。

复位键(RESET):当“自动”与“常态”同时弹出时为单次触发工作状态,当触发信号来到时,准备(READY)指示灯亮,单次扫描结束后熄灭,按下复位键(RESET)后,电路又处于待触发状态。

⑨图 4-2-4 中 28:触发耦合(COUPLING)

根据被测信号的特点,用此开关选择触发信号的耦合方式。

交流(AC):这是交流耦合方式,触发信号通过交流耦合电路,排除了输入信号中的直流成分的影响,可得到稳定的触发。

高频抑制(HF REJ):触发信号通过交流耦合电路和低通滤波器作用到触发电路,触发信号中的高频成分被抑制,只有低频信号部分能作用到触发电路。

电视(TV):TV 触发,以便于观察 TV 视频信号,触发信号经交流耦合通过触发电路,将电视信号送到同步分离电路,拾取同步信号作为触发扫描用,这样视频信号能稳定显示。TV-H 用于观察电视信号中行信号波形,TV-V:用于观察电视信号中场信号波形。注意:仅在触发信号为负同步信号时,TV-V 和 TV-H 同步。

直流(DC):触发信号被直接耦合到触发电路,当触发需要触发信号的直流部分或需要显示低频信号以及信号空占比很小时,使用此种方式。

实验三　热敏电阻温度特性研究实验

一、实验背景

热敏电阻是由对温度非常敏感的半导体陶瓷质工作体构成的元件。其具有灵敏度高、工作温度范围宽、稳定性好、体积小、价格低廉等优点，与一般常用的金属电阻相比，它有大得多的电阻温度系数值。常见的热敏电阻材料有铂、镍、铜等。

当热敏电阻被加热时，材料内的自由电子运动加剧，电阻值降低。这是因为随着温度升高，原子的振动也增强，对电子的散射作用减小，导致电阻减小。相反，当热敏电阻被冷却时，电阻值增大。这是因为温度下降会导致原子振动减小，对电子的散射增加，电阻值随之增大。

热敏电阻作为温度传感器具有用料省、成本低、体积小等优点，可以简便灵敏地测量微小温度的变化，广泛应用于温度的控制、温度的感应与测量、汽车控制系统、医疗设备、常见家电中。

本实验的目的是了解热敏电阻的电阻-温度特性及测温原理，学习惠斯通电桥的原理及使用方法，学习坐标变换、曲线改直的技巧。

二、实验目的

(1)了解热敏电阻的电阻-温度特性及测温原理。

(2)学习惠斯通电桥的原理及使用方法。

三、实验仪器

(1)直流单臂电桥(图 4-3-1)。

(2)待测热敏电阻和温度计(图 4-3-2)。

(3)自耦调压器。

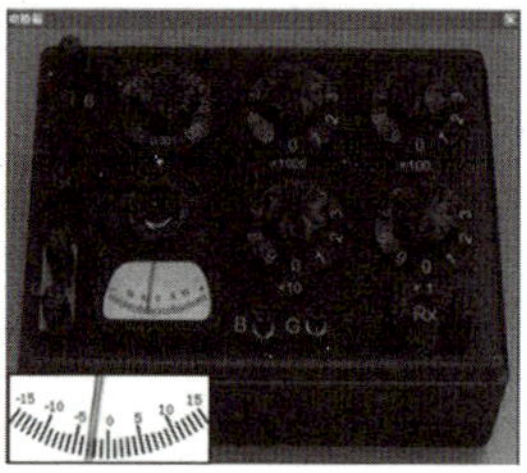

图 4-3-1　直流单臂电桥

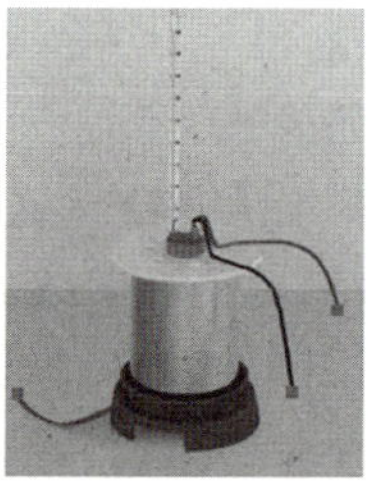

图 4-3-2　待测热敏电阻和温度计

四、实验原理

1. 半导体热敏电阻的电阻-温度特性

热敏电阻的电阻值与温度的关系为

$$R = Ae^{B/T} \tag{4-3-1}$$

B 是与半导体材料有关的常数，T 为绝对温度，根据定义，电阻温度系数为

$$\alpha=\frac{1}{R_T}\frac{\mathrm{d}R}{\mathrm{d}T} \tag{4-3-2}$$

实验原理

R_t 是在温度为 T 时的电阻值。

2. 惠斯通电桥的工作原理

惠斯通电桥的工作原理如图 4-3-3 所示。

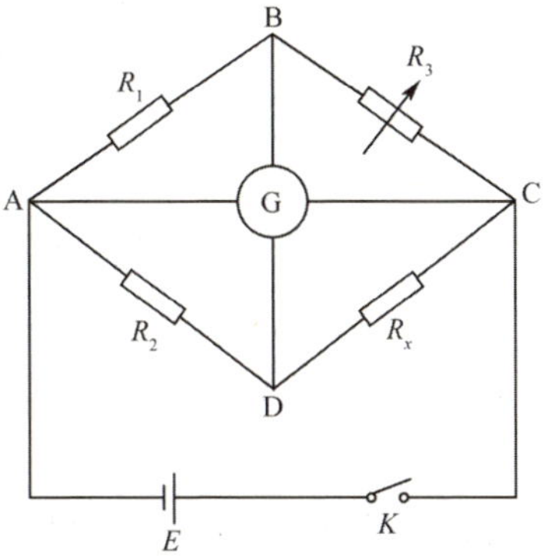

图 4-3-3 惠斯通电桥原理

四个电阻 R_1，R_2，R_3，R_x 组成一个四边形，即电桥的四个臂，其中 R_x 就是待测热敏电阻。当 B 和 D 两点电位相等时，G 中无电流通过，电桥便达到了平衡。平衡时必有 $R_x=(R_2/R_1)\cdot R_3$，(R_2/R_1) 和 R_3 都已知，R_x 即可求出。

电桥灵敏度的定义为

$$S=\frac{\Delta n}{\Delta R_x/R_x} \tag{4-3-3}$$

式中：ΔR_x 指的是在电桥平衡后 R_x 的微小改变量，Δn 越大，说明电桥灵敏度越高。

五、实验步骤及内容

1. 用箱式电桥研究热敏电阻温度特性

(1)使用内接电源和内接检流计，按照实验电路图连线。

(2)线路连接好以后，检流计调零。

(3)调节直流电桥平衡。

实验操作

(4)测量并计算出室温时待测热敏电阻值。微调电路中的电阻箱，测量并根据电桥灵敏度公式 $S=\Delta n/(\Delta R_x/R_x)$ 或 $S=\Delta n/(\Delta R_0/R_0)$，计算出室温时直流电桥的电桥灵敏度。

(5)求出升降温的平均电阻值，并做出热敏电阻阻值与温度对应关系曲线。调节适当的自耦调压器输出电压值，使烧杯中的水温从 20 ℃升高到 85 ℃以上，每隔 5 ℃测量一次热敏电阻值 R_t；再将自耦调压器输出电压值调为 0 V，使水慢慢冷却，降温过程中每隔 5 ℃测量一次热敏电阻值 R_t，最终求出升降温的平均电阻值，并做出热敏电阻阻值与温度对应关系曲线。

(6)根据测量结果，利用公式 $R=R_{\infty}e^{B/T}$ 和 $\alpha=\dfrac{1}{R_t}\dfrac{dR}{dt}$，分别求出温度 T 趋于无穷时的热敏电阻阻值 R_{∞}、热敏电阻的材料常数 B 以及 50℃时的电阻温度系数 α。

2. 用自组式电桥研究热敏电阻温度特性

(1)按图 4-3-4 所示实验电路图正确连线。

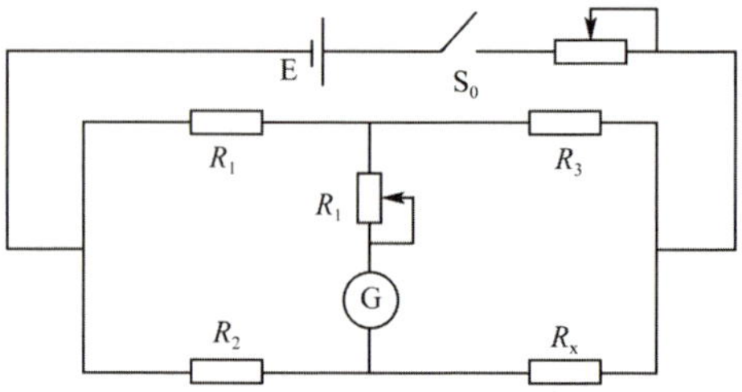

图 4-3-4　直流电桥测电阻电路

(2)线路连接好以后，检流计调零。

(3)调节直流电桥平衡。

(4)计算室温时直流电桥的电桥灵敏度。测量并计算出室温时待测热敏电阻值 R_x，微调电路中的电阻箱，测量并根据电桥灵敏度公式 $S=\Delta n/(\Delta R_x/R_x)$ 或 $S=\Delta n/(\Delta R_0/R_0)$，计算出室温时直流电桥的电桥灵敏度。

(5)求出升降温的平均电阻值，并做出热敏电阻阻值与温度对应关系曲线。选择合适的自耦调压器输出电压值，使烧杯中的水温从 20 ℃升高到 85 ℃以上，每隔 5 ℃测量一次热敏电阻阻值；再将自耦调压器输出电压值调为 0 V，在水温从 85 ℃下降到室温的过程中，每隔 5 ℃测量一次热敏电阻阻值，最终求出升降温的平均电阻值，并做出热敏电阻阻值与温度对应关系曲线。

(6)根据测量结果，求取温度 T 趋于无穷时的热敏电阻阻值 R_{∞}、热敏电阻的材料常数 B 以及 50 ℃时的电阻温度系数 α。

六、数据处理

1. 计算电桥灵敏度的平均值

表 4-3-1　电桥灵敏度的测量

内容	1	2	3
电阻臂 R_0/Ω			
电阻臂 R_x/Ω			
变化量 $\Delta R_0/\Omega$			
偏转格数 Δn_0			
电桥灵敏度			
电桥灵敏度的平均值			

2. 计算热敏电阻

表 4-3-2　热敏电阻的测量

温度值(单位℃)/Ω	20	25	30	35	40	45	50
升温时热敏电阻值/Ω							
降温时热敏电阻值/Ω							
热敏电阻平均值/Ω							
温度值(单位℃)/Ω	55	60	65	70	75	80	85
升温时热敏电阻值/Ω							
降温时热敏电阻值/Ω							
热敏电阻平均值/Ω							

3. 计算公式

(1)利用公式 $S_i=\Delta n_i/(\Delta R_{0i}/R_{0i})$，计算出室温时直流电桥的电桥灵敏度平均值 $\overline{S}$。

(2)做出热敏电阻阻值与温度对应关系曲线。

(3)用公式 $R=Ae^{B/T}$，求出温度 T 趋于无穷时的热敏电阻阻值 R_∞。

(4)用公式 $R=Ae^{B/T}$，求出热敏电阻的材料常数 B。

(5)用公式 $\alpha=\dfrac{1}{R_t}\dfrac{dR}{dT}$，求出 50 ℃时的电阻温度系数 α。

注意事项

(1)测量过程中切勿用手触摸组件和电路板，以防止人体温度对测试产生影响。

(2)测量功率不得超过规定值，以免电流热效应引起测量误差。

思考题

1. 如何提高电桥的灵敏度？
2. 电桥选择不同量程时，对结果的准确度(有效数字)有何影响？

小贴士

(1)半导体热敏电阻的电阻—温度特性

$$\alpha=-\frac{B}{T^2} \tag{4-3-4}$$

可见，电阻温度系数是与温度有关系的。

(2)惠斯通电桥的工作原理

当检流计指针为零时，B 和 D 两点电位相等，则有

$$\begin{cases} I_1R_1=I_2R_2 \\ I_3R_3=I_xR_x \end{cases} \tag{4-3-5}$$

得

$$I_1=I_3, I_2=I_x \tag{4-3-6}$$

从而得到平衡时的待测电阻

$$R_x=(R_2/R_1)\cdot R_3 \tag{4-3-7}$$

实验四　不良导体热导率的测量

一、实验背景

1. 导热系数

导热系数是描述材料导热性能的物理量，它受多种因素影响，包括材料的组成、微观结构、密度、含水率和温度等。非晶体结构和密度较低的材料通常具有较小的导热系数。此外，材料的含水率和温度较低时，导热系数也较小。导热系数是一个复杂的物理量，它受到材料内在属性和外部条件的共同作用。在实际应用中，选择合适的材料和控制相关条件对于优化热管理系统至关重要。

本实验旨在深入探究热传导现象的内在机制，并通过稳态平板法对不良导体的导热系数进行精确测量。此外，本实验还将采用作图法来确定冷却速率，从而更全面地理解材料的热特性。

2. 物理学史：傅立叶与导热定理

早期对导热现象的理解主要基于经验定律，如牛顿冷却定律。随着物理学的发展，科学家们开始探索导热的微观机理。19 世纪初，法国物理学家傅立叶通过实验和理论分析，提出了著名的傅立叶导热定律，该定律描述了热量通过物体内部传播的过程，并引入了热传导率这一概念。

傅立叶在 1822 年通过实验研究，提出了描述宏观导热过程的基本定律，即傅立叶导热定律。这一定律表明热量总是沿着温度梯度的方向传递，并且热量传递的速率与温度梯度成正比。傅立叶的这项工作奠定了热力学和传热学的基础，对后来的物理学和工程学产生了深远的影响。

3. 与现代结合

导热系数在电子设备散热技术中扮演着关键角色。随着电子设备向小型化、高性能化发展，有效的散热成为保证设备稳定运行的重要因素。导热系数较高的材料能够更快地将热量从热源传导出去，从而提高设备的可靠性和寿命。

在热流测量技术中，导热系数用于计算热流密度，这对于航天器环境控制、建筑节能评估以及工业过程监控等领域至关重要。精确的热流测量有助于优化系统设计，减少能源消耗，并确保安全操作。

在材料科学领域，导热系数的研究有助于开发新型复合材料和多孔材料，这些材料在航空航天、汽车制造和生物医学等行业中有着广泛的应用。通过调节材料的微观结构，可以实现特定的导热性能，以适应不同的应用场景。

二、实验目的

(1)探究热传导现象的物理机制。

(2)学会运用稳态平板法测量不良导体的导热性能。

(3)熟练掌握通过作图法计算不良导体的冷却速率。

三、实验仪器

(1)主仪器。

(2)自耦调压器。

(3)杜瓦瓶。

(4)测量工具(数字电压表、游标卡尺、电子秒表)。

四、实验原理(图 4-4-1)

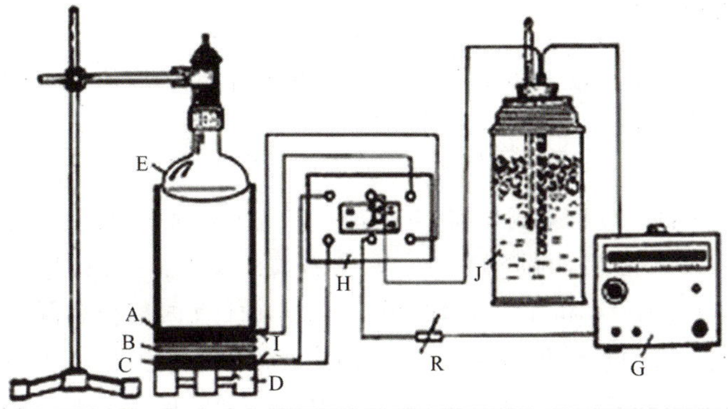

图 4-4-1 不良导体热导率测定装置原理图

实验原理

由热传导定律,维持样品盘 B 上、下平面有稳定的 T_1 和 T_2(分别用传热圆筒 A 的底部和散热铜盘 C 的温度来代表),则样品的传热速率:

$$\frac{\mathrm{d}Q}{\mathrm{d}t}=\lambda\frac{T_1-T_2}{h_B}S_B \tag{4-4-1}$$

式中:h_B 为样品厚度,S_B 为样品上表面的面积,λ 为导热系数。

在稳态导热的情况下,可以认为通过测试样品盘 B 的热传递速率等于铜盘 C 向其周围环境散失热量的速率。基于这一前提,便能够利用铜盘 C 在接近稳定温度 T_2 时的散热速率 $\frac{\mathrm{d}T}{\mathrm{d}t}$,来计算出样品的热传递速率 $\frac{\mathrm{d}Q_{传}}{\mathrm{d}t}$。这种方法为测量材料的热导率提供了一种有效的实验手段。

铜盘 C 在稳态传热时,散热的外表面积为 $\pi R_c^2+2\pi R_c h_c$,移去传热筒 A 后,C 盘的散热外表面积为 $2\pi R_c^2+2\pi R_c h_c=2\pi R_c(R_c+h_c)$,由于物体的散热速率与其散热面积成比例,则:

$$\frac{\mathrm{d}Q}{\mathrm{d}t}=\frac{\pi R_c(R_c+2h_c)}{2\pi R_c(R_c+h_c)}\cdot\frac{\mathrm{d}Q_{传}}{\mathrm{d}t}=\frac{R_c+2h_c}{2R_c+2h_c}\cdot\frac{\mathrm{d}Q_{传}}{\mathrm{d}t} \tag{4-4-2}$$

式中:R_c 和 h_c 分别为 C 盘的半径和高度。

由热容的定义,对铜盘 C,有

$$\frac{\mathrm{d}Q_{传}}{\mathrm{d}t}=m_c c_c\frac{\mathrm{d}T}{\mathrm{d}t} \tag{4-4-3}$$

其中 m_c 和 c_c 分别是铜盘 C 的质量和比热容,将(3)式代入(2)式,有:

$$\frac{\mathrm{d}Q}{\mathrm{d}t}=m_c c_c \frac{R_c+2h_c}{2R_c+2h_c}\frac{\mathrm{d}T}{\mathrm{d}t} \tag{4-4-4}$$

由式(4-4-4)、式(4-4-1),求得导热系数

$$\lambda=m_c c_c h_B \frac{R_c+2h_c}{2\pi R_B^2(T_1-T_2)(R_c+h_c)}\frac{\mathrm{d}T}{\mathrm{d}t} \tag{4-4-5}$$

m_c、h_B、R_B、h_c、R_c、T_1 和 T_2 均由实验测得,本实验所用黄铜盘比热容为 0.370 9 kJ/(kg·K),所以,求得$\frac{\mathrm{d}T}{\mathrm{d}t}$,即可得到导热系数 λ。

注意:本实验中,温度升高 10 ℃左右,即温差电动势升高 0.42 mV 左右。

五、实验步骤及内容

(1)测量铜盘 C 和橡胶盘 B 的直径、厚度,多次测量取平均值,记录数据至表 4-4-1、表 4-4-2、表 4-4-3、表 4-4-4 中。

实验操作

(2)进行连线。

(3)调节自耦调压器,开始加热。先将红外灯电压升到 200 V 左右,大约 5 min 之后,再降到 110 V 左右,然后每隔一段时间读一次温度值,10 min 内 T_1 和 T_2 的示值基本不变,记下此时的稳态值。

(4)移走橡胶盘 B,加热传热筒 A、铜盘 C,使 C 盘的温度比 T_2 高约 10 ℃。

(5)把调压器调节到零电压,断开电源,移走传热筒 A,让 C 盘独立散热,每隔 30 s 记一次温度至表 4-4-5 中,记录下最接近 T_2 前后的各 6 个数据。

(6)绘制 T-t 图像,用作图法求出冷却速率$\frac{\mathrm{d}T}{\mathrm{d}t}$。

(7)将$\frac{\mathrm{d}T}{\mathrm{d}t}$结果代入公式中,计算橡胶盘的导热系数 λ。

六、数据处理

表 4-4-1　测量的铜盘直径　mm

测量次数	1	2	3
直径			

铜盘直径 3 次测量的平均值________

表 4-4-2　测量的铜盘厚度　mm

测量次数	1	2	3
厚度			

铜盘厚度 3 次测量的平均值________

表 4-4-3　测量的橡胶盘直径　mm

测量次数	1	2	3
直径			

橡胶盘直径 3 次测量的平均值________

表 4-4-4　　测量的橡胶盘厚度　　mm

测量次数	1	2	3
厚度			

橡胶盘厚度 3 次测量的平均值________

A 铜盘加热到平衡温度时的温差电动势

测量 A 铜盘加热到平衡温度时的温差电动势的绝对值(mV)________

C 铜盘加热到平衡温度时的温差电动势

测量 C 铜盘加热到平衡温度时的温差电动势的绝对值(mV)________

数据处理

加热 C 盘,使 C 盘的温度比 T_2 高约 10 ℃(温差电动势升高 0.42 mV 左右)

表 4-4-5　测量 C 盘降温过程中不同时刻温度对应的温差电动势(每隔 30 s 记录一次)

测量次数	1	2	3	4	5	6
时间/s	0	30	60	90	120	150
电压/mV						
测量次数	7	8	9	10	11	12
时间/s	180	210	240	270	300	330
电压/mV						
测量次数	13	14	15			
时间/s	360	390	420			
电压/mV						

散热盘散热速率

散热盘散热速率测定(mV/s)________

橡胶盘的导热系数。其中铜盘的质量为 800 g,橡胶盘的质量为 200 g,铜的比热容为 370.8 J/(kg・℃)

计算橡胶盘的导热系数 λ[W/(m・℃)]________

注意事项

(1)在实验过程中,若因特定原因导致热平衡状态或再次升温的数据丢失,可以继续执行后续实验步骤,无须从头开始。

(2)在冷却阶段遇到数据丢失或仪器异常情况时,可以关闭设备并重新启动,从“再升温”环节继续实验流程。

(3)使用游标卡尺进行尺寸测量时,应确保从副尺的零刻度位置进行读数。

思考题

1. 分析本实验可能的误差来源及其解决办法。

2. 本实验是如何转变方法，测出本不易测量的导热速率$\frac{dQ}{dt}$？

小贴士

1. 导热系数

由热传导定律

$$\frac{dQ}{dt}=-\lambda\frac{dT}{dx}\cdot dS \tag{4-4-6}$$

式中：λ 为导热系数，用于描述材料在稳态条件下传递热量的能力。在 SI 中，其单位是 $W\cdot m^{-1}\cdot K^{-1}$。$\frac{dQ}{dt}$为传热速率，$\frac{dT}{dx}$是与面积 dS 垂直方向上的温度梯度，"—"号表示热量由高温向低温传递，几种典型材料在 20℃时的导热率见表 4-4-6。

表 4-4-6　几种典型材料在 20℃ 时的导热率

材料名称	λ/[W/(m·K)]	材料名称	λ/[W/(m·K)]
金属(固体)：		松木(平行木纹)	0.35
纯银	427	冰(0 ℃)	2.22
纯铜	398	液体：	
黄铜(70%Cu，30%Zn)	109	水(0 ℃)	0.551
纯铝	236	水银(汞)	7.90
铝合金(87%Al，13%Si)	162	变压器油	0.124
纯铁	81.1	柴油	0.128
碳 钢(约 0.5%C)	49.8	润滑油	0.146
非金属(固体)：		气体：(大气压力)	
石英晶体(0 ℃，平行于轴)	19.4	空气	0.025 7
石英玻璃(0 ℃)	1.13	氮气	0.025 6
大理石	2.70	氢气	0.177
玻璃	0.65～0.71	水蒸气(0 ℃)	0.183
松木(垂直木纹)	0.15		

2. 热量交换的三种形式

(1)热传导。热传导是热量通过直接接触传递的过程，在这个过程中，热能从高温区域流向低温区域，通过分子或原子间的相互作用来实现能量的传递。热传导是固体内部以及固体与其他物体接触时常见的热量传递方式，热传导如图 4-4-2 所示。

(2)热对流。热对流是液体或气体中热量传递的机制，涉及流体的宏观运动。热对流可以分为自然对流和强制对流。自然对流是由于流体本身的密度差异引起的流动，而强

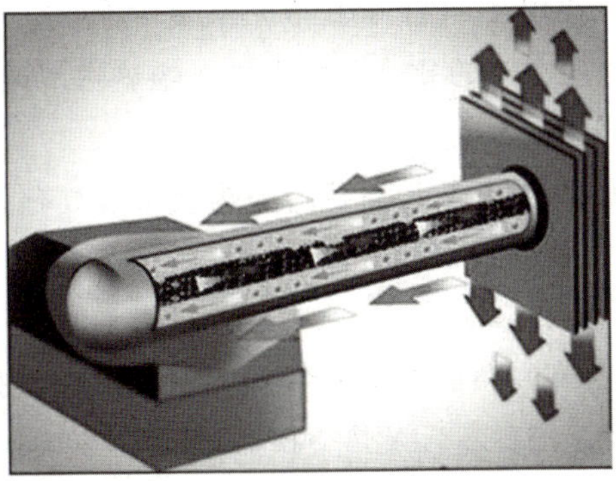

图 4-4-2　热传导

制对流则是由外部力量(如风扇或泵)驱动的流动,热对流如图 4-4-3 所示。

(3)热辐射是热量以电磁波的形式传播的过程。即使在没有物质介质的空间中,热量也能通过电磁辐射传播。所有物体都会根据其温度辐射电磁波,温度越高,辐射出的总能量就越大,短波成分也越多,如图 4-4-4 所示。

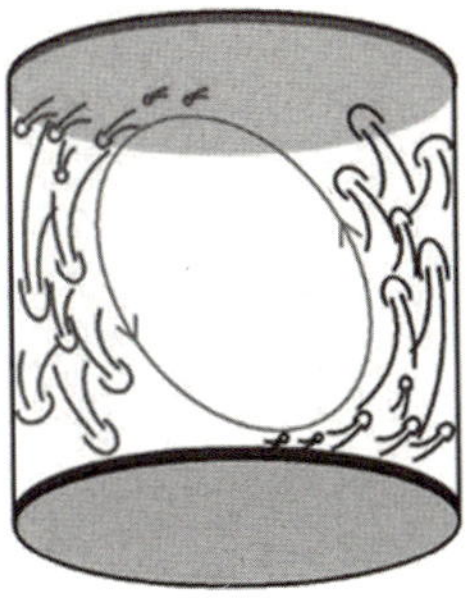

图 4-4-3　热对流

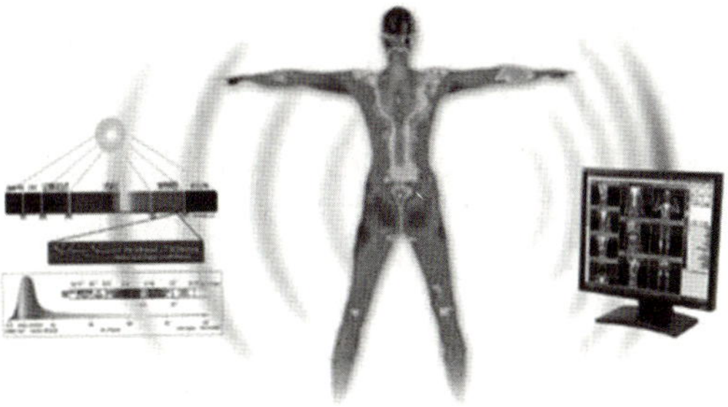

图 4-4-4　热辐射

这三种形式的热量交换在日常生活和工业应用中都非常重要,它们共同构成了热力学中热量传递的基本途径。在设计加热、冷却和隔热系统时,理解这些机制对于确保能效和安全至关重要。

3. 拓展阅读:导热系数在电子设备散热设计中的重要作用

导热系数在电子设备散热设计中起着至关重要的作用,它影响材料选择、散热器设计、热界面材料的选用以及热管理策略的制定。通过精确计算和优化导热系数相关的参数,可以有效提高电子设备的散热效率和可靠性。

(1)选择合适的散热材料:导热系数决定了材料传导热量的速度。在设计电子设备时,工程师会选择具有高导热系数的材料(如铜、铝等)作为散热部件,以便快速将产生的热量从热源传递到散热器或周围环境中。

(2)优化散热器设计:导热系数影响散热器的热阻,进而影响散热效率。通过计算不同材料的导热系数,可以设计出结构优化的散热器,减少热阻,提高散热效果。例如,在船舶电子设备散热技术中,通过对热管散热器的关键参数进行数学建模分析,可以建立数值模拟模型,优化散热器结构,以适应特定的工作环境和热负荷要求。

(3)评估热界面材料：在电子组件与其散热装置之间，通常需要使用热界面材料(TIM)来填补微小间隙，这些材料的导热系数直接影响热量传递的效率。选择导热系数高的TIM可以显著提升热管理性能。

(4)预测和管理热应力：导热系数还与材料的热膨胀系数有关，这对于预测和管理由于温差引起的热应力非常重要。在设计时，必须考虑材料的导热系数和热膨胀特性，以防止因热应力过大而导致的结构损坏。

(5)热管理系统的设计：在复杂的电子系统中，导热系数用于指导热管理系统的设计，包括冷却液的循环路径、风扇的配置以及热交换器的设计，以确保整个系统在安全温度范围内运行。

实验五　太阳能电池的特性测量

一、实验背景

太阳能是太阳内部连续不断的核聚变反应过程中产生的能量，是来自太阳的辐射能量。太阳内部的这种核聚变反应可以维持几十亿至上百亿年的时间。在化石燃料日趋减少的背景下，太阳能已经成为人类使用能源的重要组成部分，并不断得到发展。

太阳能电池(Solar Cells)，也称为光伏电池，是将太阳光辐射能直接转换为电能的器件。由这种器件封装成太阳能电池组件，再按需要将一块以上的组件组合成一定功率的太阳能电池方阵，经与储能装置、测量控制装置及直流-交流变换装置等相配套，即构成太阳能电池发电系统，也称之为光伏发电系统。它具有不消耗常规能源、寿命长、维护简单、使用方便、功率大小可任意组合、无噪音、无污染等优点。目前太阳能电池已经在航空航天、交通、通信、建筑等方面获得了广泛应用。

世界上第一块实用型半导体太阳能电池是美国贝尔实验室于 1954 年研制的。经过人们 70 多年的努力，太阳能电池的研究、开发与产业化已取得巨大进步。目前，太阳能电池已成为空间卫星的基本电源和地面无电、少电地区及某些特殊领域(通信设备、气象台站、航标灯等)的重要电源。随着太阳能电池制造成本的不断降低，太阳能光伏发电将逐步部分替代常规发电。近年来，在美国和日本等发达国家，太阳能光伏发电已进入城市电网。从地球上化石燃料资源的渐趋耗竭和大量使用化石燃料必将使人类生态环境污染日趋严重的战略观点出发，世界各国特别是发达国家对于太阳能光伏发电技术十分重视，将其摆在可再生能源开发利用的首位。太阳能光伏发电有望成为 21 世纪的重要新能源。有专家预言，在 21 世纪中叶，太阳能光伏发电将占世界总发电量的 15% ～ 20%，成为人类的基础能源之一，在世界能源构成中占有一定地位。

二、实验目的

(1)了解太阳能电池的工作原理和使用方法。

(2)掌握开路电压和短路电流及与相对光强的函数关系的测试方法。

(3)掌握太阳能电池输出特性的测试方法。

三、实验仪器

(1)太阳能电池两块(图 4-5-1)。

(2)插件板(A4 大小)。

(3)万用表两块(附带表笔，如图 4-5-2)。

(4)卤素灯。

(5)电压范围为 2～12 V 的稳压源。

图 4-5-1　太阳能电池板

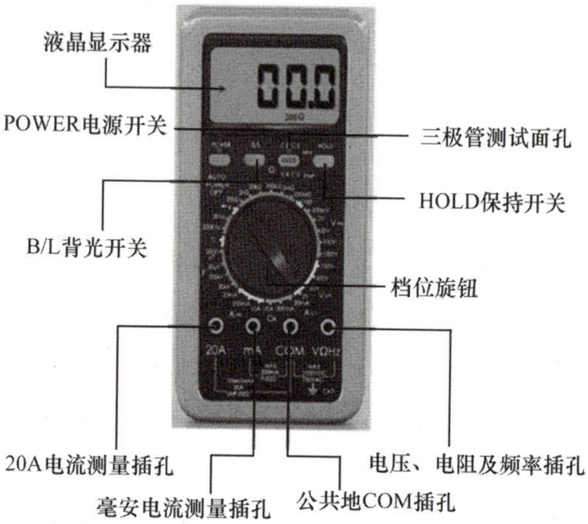

图 4-5-2　万用表

四、实验原理

在固定的光照强度下，光电池的输出功率取决于负载电阻 R。太阳能电池的输出功率在负载电阻为 $R_{\max}$ 时达到最大功率 $P_{\max}$，$R_{\max}$ 近似等于太阳能电池的内阻 R_i。

实验原理

$$R_i=\frac{U_0}{I_s} \tag{4-5-1}$$

这个最大功率比开路电压和短路电流的乘积小(图 4-5-3)，它们之比为填充因数，用 F 来表示，即

$$F=\frac{P_{\max}}{U_0\times I_s} \tag{4-5-2}$$

此外，负载电阻的公式为

$$R=\frac{U}{I} \tag{4-5-3}$$

太阳能电池的输出功率关于负载电阻的函数，其公式为

$$P=U\times I \tag{4-5-4}$$

我们经常用几个太阳能电池组合成一个太阳能电池。串联会产生更大的开路电压 U_0，而并联会产生更大的短路电流 I_s。在本实验中，把 2 个太阳能电池串联，分别记录在四个不同的光照强度时电流和电压特性。光照强度通过改变光源的距离和电源的功率来实现。

五、实验步骤及内容

(1)仪器调整，按图连线。实验装置图如图 4-5-3 所示。

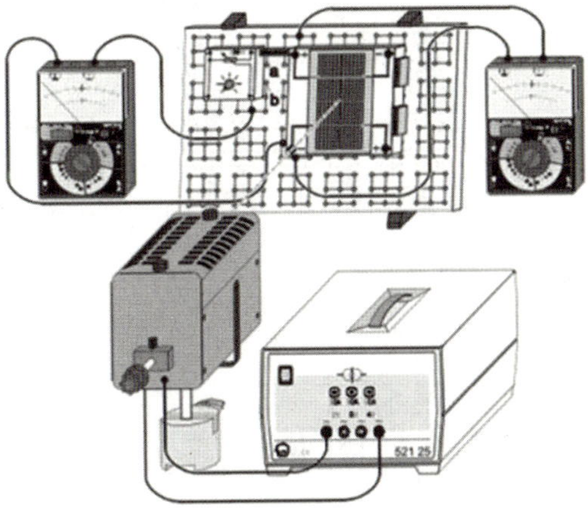

图 4-5-3　实验装置

实验操作

①把太阳能电池插到插件板上，用两个桥接插头把上边的负极和下面的正极连接起来，串联起 2 个太阳能电池。

②插上电位器作为一个可变电阻，然后用桥接插头把它连接到太阳能电池上。

③连接电流表，使其和电池、可变电阻串联。选择测量范围：直流 0～200 mA。

④连接电压表使之与电池并联，选择量程：直流 0～3 V。

⑤连接卤素灯与稳压源，使灯与电池成一线，以使电池均匀受光。

(2)测量不同照度下太阳能电池的伏安特性、开路电压 U_0 和短路电流 I_s。

①接通电路，将可变电阻器阻值调为最小以实现短路，并改变卤素灯的距离和调节电源输出功率，使短路电流大约为 45 mA。

②逐步改变负载电阻值降低电流，分别读取电流和电压值，记入表格。

③断开电路，测量并记录开路电压。

④调节电源功率，分别使短路电流约为 35 mA、25 mA 和 15 mA，并重复上述测量。

(3)在不同照度下，测定太阳能电池的输出功率 P 和负载电阻 R 的函数关系。

六、数据处理

(1)测量不同照度下太阳能电池的伏安特性、开路电压 U_0 和短路电流 I_s。

表 4-5-1　测量太阳能端电池的电压 U 和通过负载电阻的电流 I（短路电流 I_s，开路电压 U_0）

第一组数据：I_s=45 mA，U_0=______V																				
测量值	1	2	3	4	5	6	7	8	9	10	11	12	13	14	15	16	17	18	19	20
I/mA																				
U/V																				
R/Ω																				
P/mW																				

（续表）

第二组数据：$I_s=35$ mA，$U_0=$______V																				
测量值	1	2	3	4	5	6	7	8	9	10	11	12	13	14	15	16	17	18	19	20
I/mA																				
U/V																				
R/Ω																				
P/mW																				
第三组数据：$I_s=25$ mA，$U_0=$______V																				
测量值	1	2	3	4	5	6	7	8	9	10	11	12	13	14	15	16	17	18	19	20
I/mA																				
U/V																				
R/Ω																				
P/mW																				
第四组数据：$I_s=15$ mA，$U_0=$______V																				
测量值	1	2	3	4	5	6	7	8	9	10	11	12	13	14	15	16	17	18	19	20
I/mA																				
U/V																				
R/Ω																				
P/mW																				

（2）找出最大电阻，并计算电池内阻。

表 4-5-2　对应最大功率的负载电阻值 R_{max} 和 $R_i=\dfrac{U_0}{I_s}$ 式计算出的内阻值 R_i

测量值	第一组	第二组	第三组	第四组
R_{max}/Ω				
R_i/Ω				
R_{max}/R_i				

（3）计算填充因数

表 4-5-3　最大功率 P_{max} 与短路电流和断路电压的乘积

测量值	第一组	第二组	第三组	第四组
P_{max}/mW				
$(U_0\times I_s)$/mW				
$F=P_{max}/(U_0\times I_s)$				
得到 F_{max} 的平均值为：				

(4)公式计算

①欧姆定律

$$R_i=\frac{U_i}{I_i}(\Omega) \tag{4-5-5}$$

②功率

$$P_i=U_i\times I_i(\text{mW}) \tag{4-5-6}$$

③内阻的计算

$$R_i=\frac{U_0}{I_s}(\Omega) \tag{4-5-7}$$

④计算 $R_{\max}$ 与 R_i 的比值并填入表 4-5-2 内。

⑤计算 U_0 与 I_s 的乘积填入表 4-5-3 内。

⑥填充因数的计算

$$F_i=\frac{P_{\max i}}{U_{0i}\times I_{si}} \tag{4-5-8}$$

⑦计算填充因数的平均值

$$\overline{F}=\frac{\sum_{i=1}^{n}F_i}{n} \tag{4-5-9}$$

⑧根据表 4-5-1 的四组数据，画出四个伏安特性曲线。

注意事项

(1)如测量时高位显示为“1”，表明已超过量程范围，须将档位开关转至较高档位上。

(2)当仪表停止使用(20±10)分钟后，仪表便自动断电进入休眠状态；若要重新启动电源，再按两次“POWER”开关，就可重新接通电源。

思考题

1. 温度对太阳能电池有什么影响？

2. 设计一个实验测量光生电流 I_{PH}？

小贴士

1. 光伏效应

当光照射在距太阳能电池表面很近的 PN 结时，只要入射光子的能量大于半导体材料的禁带宽度 E_g，则在 P 区、N 区和结区光子被吸收会产生电子-空穴对(图 4-5-4)。那些在 PN 结附近 N 区中产生的少数载流子由于存在浓度梯度而扩散。只要少数载流子离 PN 结的距离小于它的扩散长度，总有一定概率的载流子扩散到结界面处。在 P 区与

N 区交界面的两侧即结区，存在空间电荷区，也称为耗尽区。在耗尽区中，正负电荷间形成电场，电场方向由 N 区指向 P 区，这个电场称为内建电场。这些扩散到结界面处的少数载流子（空穴）在内电场的作用下被拉向 P 区。同样，在 PN 结附近 P 区中产生的少数载流子（电子）扩散到结界面处，也会被内建电场迅速拉向 N 区。结区内产生的电子-空穴对在内电场的作用下分别移向 N 区和 P 区。这导致在 N 区边界附近有光生电子积累，在 P 区边界附近有光生空穴积累。它们产生一个与 PN 结的内建电场方向相反的光生电场，在 PN 结上产生一个光生电动势，其方向由 P 区指向 N 区。这一现象称为光伏效应（Photo voltaic effect）。

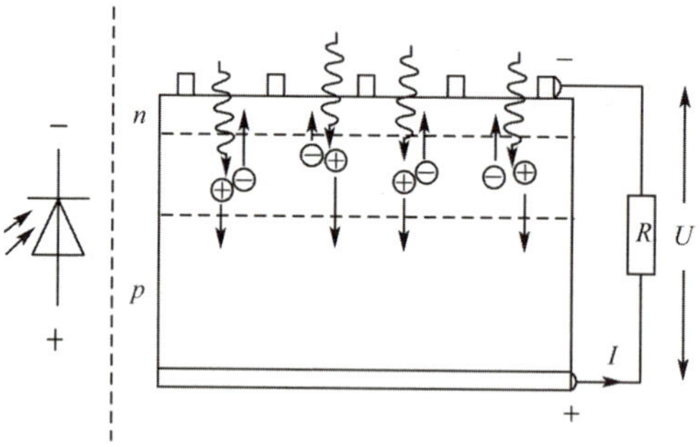

图 4-5-4　太阳能电池的工作原理

太阳能电池的工作原理基于光伏效应。当光照射太阳能电池时，将产生一个由 N 区到 P 区的光生电流 I_s。同时，由于 PN 结二极管的特性，存在正向二级管电流 I_D，此电流方向从 P 区到 N 区，与光生电流相反。因此，实际获得的电流 I 为两个电流之差

$$I = I_s(\Phi) - I_D(U) \tag{4-5-10}$$

如果连接一个负载电阻 R，电流 I 可以被认为是两个电流之差，即取决于辐照度 Φ 的负方向电流 I_s，以及取决于端电压 U 的正方向电流 $I_D(U)$。

由此可以得到太阳能电池伏安特性的典型曲线（图 4-5-5）。在负载电阻小的情况下，太阳能电池可以看成一个恒流源，因为正向电流 $I_D(U)$ 可以被忽略。在负载电阻大的情况下，太阳能电池相当于一个恒压源，因为如果电压变化略有下降那么电流 $I_D(U)$ 迅速增大。

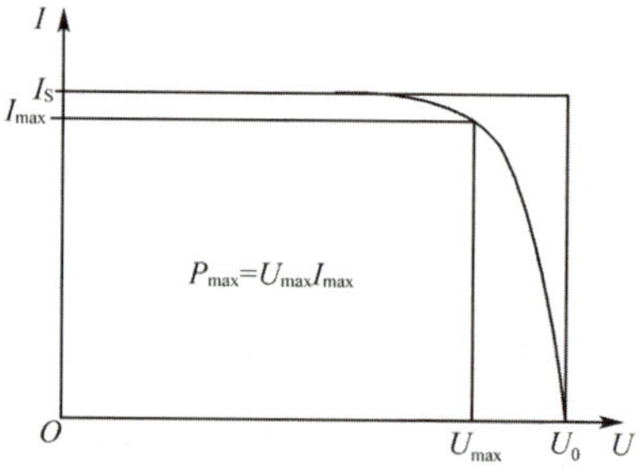

图 4-5-5　太阳能电池的伏安特性（U_{max}，I_{max}：最大功率点）

当太阳能电池的输出端短路时，可以得到短路电流，它等于光生电流 I_s。当太阳能电池的输出端开路时，可以得到开路电压 U_0。

2. 最大功率和负载电阻的关系推导

在固定的光照强度下，光电池的输出功率取决于负载电阻 R。太阳能电池的输出功率在负载电阻为 R_{max} 时达到最大功率 P_{max}，R_{max} 近似等于太阳能电池的内阻 R_i。则有

$$P_{max}=I^2\cdot R_{max}=\left(\frac{E}{R_{max}+R_i}\right)^2\cdot R_{max}$$

$$=\frac{E^2}{R_{max}+\dfrac{R_i^{\ 2}}{R_{max}}+2r}$$

当 $R_{max}=\dfrac{R_i^{\ 2}}{R_{max}}$ 时，P_{max} 最大。则 $R_{max}=R_i$。

实验六　光纤传感器实验

一、实验背景

在 20 世纪 70 年代末和 80 年代初，光纤传感器的研究主要集中在利用光纤的强度调制和相位调制来检测物理量，如温度、压力和应变。这一时期的研究为光纤传感器技术的发展奠定了基础，同时也揭示了许多潜在的挑战，例如灵敏度低、稳定性差等问题。

20 世纪 90 年代，随着光纤通信技术的进一步发展，光纤传感器领域也取得了重大突破。研究人员开始探索利用光纤的其他特性，如波长、偏振和模式来提高传感器的性能。

进入 21 世纪，光纤传感器技术逐渐成熟，应用范围也得到了极大的拓展。除了传统的温度、压力和应变检测外，光纤传感器还被应用于生物医学、化学分析、环境监测等领域。特别是在生物医学领域，光纤传感器因其非侵入性、高灵敏度和抗电磁干扰等优点，被广泛应用于血液分析、细胞检测和组织成像。

光纤传感器件具有体积小、重量轻、抗电磁干扰强、防腐性好、灵敏度高等优点；用于测量压力、应变、微小折射率变化、微振动、微位移等诸多领域。特别是光纤通信已经成为现代通信网的主要支柱。光纤通信的发展极为迅速，新的理论和技术不断产生和发展。传感器是信息技术的三大技术之一。随着信息技术进入新时期，传感技术也进入了新阶段。“没有传感器技术就没有现代科学技术”的观点已被全世界所公认，因此，传感技术受到各国的重视，我国也将传感技术纳入国家重点发展项目。

光纤特性研究和应用是一门综合性的学科，理论性较强，知识面较广，可以激发学生对理论知识的学习兴趣，培养学生的动手实践和创新能力，光纤干涉系列实验教学的开设显得非常重要了。基于这个目的，我们对光纤干涉实验教学进行了初步探索，在此基础上，该实验还可以进行一些设计性及研究性实验。

二、实验目的

(1)学习光纤数值孔径的物理含义、光纤与光源耦合方法的原理。

(2)理解 M-Z 干涉的原理和用途、了解传感器原理。

(3)实测光纤压力传感器和温度传感器实验数据。

三、实验仪器

(1)激光器及电源(图 4-6-1)。

(2)光纤夹具。

(3)透镜。

(4)光纤剥线钳。

(5)光纤切割锯。

(6)激光功率计。

(7)五维调整架(图 4-6-2)。

(8)功率计。

(9)显微镜。

(10)光纤传感实验仪。

图 4-6-1　激光器及电源

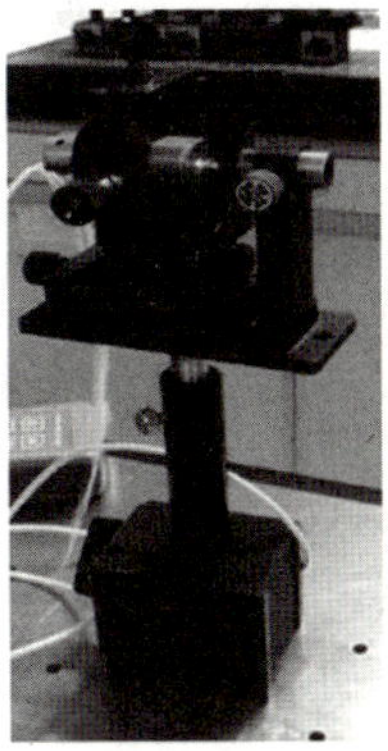

图 4-6-2　五维调整架

四、实验原理

1. 光纤的耦合

耦合效率 η 的计算公式为

$$\eta=\frac{p_1}{p_2}\times 100\% \text{或} \eta=-10\ \lg\frac{p_1}{p_2}(\mathrm{dB}) \tag{4-6-1}$$

实验原理

式中：p_1 为耦合进光纤的光功率(近似为光纤的输出光功率)，p_2 为光源输出的光功率。

2. 光纤干涉仪的相位调制机制

当真空中波长为 λ_0 的光入射到长度为 l，纤芯折射率为 N 的光纤上时，若以其入射端面为基准，则出射光的相位差为

$$\Delta\varphi=\Delta(kl)=k_0 l\Delta n+k_0 n\Delta l \tag{4-6-2}$$

光纤长度和直径的变化以及折射率的变化都会引起相位调制。温度变化对相位调制的作用由式(4-6-2)有

$$\frac{\Delta\varphi}{\Delta T}=k_0\left(l\ \frac{\Delta n}{\Delta T}+n\ \frac{\Delta l}{\Delta T}\right) \tag{4-6-3}$$

及

$$\frac{\Delta\varphi}{l\Delta T}=k_0\left(\frac{\Delta n}{\Delta T}+\frac{n\Delta l}{l\Delta T}\right) \tag{4-6-4}$$

3. 光纤干涉仪的结构与测温原理

当温度变化 ΔT 时，干涉场中任意一点上干涉条纹的移动数目为 Δm，则相位变化量

$$\frac{\Delta\varphi}{\varphi\Delta T}=\frac{1}{n}\cdot\frac{\Delta n}{\Delta T}+\frac{1}{l}\frac{\Delta l}{\Delta T} \tag{4-6-5}$$

$$\Delta\varphi=2\pi\Delta m \tag{4-6-6}$$

式中：l 为测量臂置于温度场部分的长度，ΔT 为温度变化量，$\varphi=2\pi/\lambda_0\times nl$。

五、实验步骤及内容

1. 光纤端面制作说明

用光纤剥线钳剥去涂敷层、保护层等。

光纤有三层、四层、五层之分，如果是三层光纤，先用拨线钳剥去涂敷层，将剩下的包层和纤芯嵌入光纤夹具，用宝石刀切割端面，制备出完好的光纤端面；若是四层光纤，应先剥去外保护层，其他步骤同上；若是五层光纤，应先剥去第五和第四保护层，其他步骤同上。

2. 测量光纤耦合效率

(1)调整光纤和激光器的角度。取一根合适长度的光纤，切好端面，将切好端面的光纤固定在五维调整架上，并使光纤大致对准激光器。

(2)打开激光器，记录光功率计读数。将功率计对准激光器的光出口处，测量激光器的输出功率，记录光功率计读数。

(3)粗调节。调节五维调整架，使激光打在光纤端面上，将光纤的另一端(PC 头)旋入功率计测量端口上。

(4)打开功率计，选择合适波长及测量单位。按下“⏻”键打开光功率计；按下“λ”键选择光波长为 650 nm；按“W/dBm”键选择 pW 为测量单位。

(5)细调节。仔细调节五维调整架，使得激光与光纤的耦合达到最佳状态，当功率计示数最大时，记录光功率计读数。计算激光与光纤直接耦合的耦合效率。

(6)记录光功率计读数，计算激光与光纤间接耦合的耦合效率。将透镜放入五维调整架上，仔细调节五维调整架，使得激光与光纤的耦合达到最佳状态，当功率计示数最大时，记录光功率计读数。计算激光与光纤间接耦合的耦合效率。

(7)关闭光功率计及激光器电源。实验完毕后，按光功率计“⏻”键关闭光功率计；关闭激光器电源。

3. 光纤传感实验

(1)打开仪器电源。打开数显调节仪、激光器电源、显示器电源。

(2)调节仪器位置，使显示器上观察到清晰的干涉条纹。调节分光装置与聚光装置支架的竖直高度与水平位置，使经过分束镜分开后的光线，再经棱镜聚合照射到 CCD 上时，能在显示器上观察到清晰的干涉条纹。

(3)调节光纤实时温度。按下数显调节仪上的温度设定按钮，设置最高加热温度为 45℃，弹起温度设定按钮，此时数显调节仪上显示的是将被加热的光纤实时温度。

(4)打开加热开关，记录数据，并计算温时光纤温度灵敏度$\frac{\Delta\varphi}{l\Delta T}$。打开加热开关，在显示器上选择合适的参考位置，观察条纹变化，当温度示数为 31℃时，开始记录数据：条纹每移动 3 条，记录其对应温度，记录至少 10 组数据；被加热的光纤长度以仪器上显示的长度计算，给出升温时光纤温度灵敏度$\frac{\Delta\varphi}{l\Delta T}$；

(5)关闭加热电源，记录降温时的温度变化数据，给出降温时光纤温度灵敏度$\frac{\Delta\varphi}{l\Delta T}$。

关闭加热电源，加热装置自然降温，在显示器上选择合适的参考位置，观察条纹变化，记录降温时的温度变化数据，给出降温时光纤温度灵敏度$\frac{\Delta\varphi}{l\Delta T}$。

（6）实验完毕后，关闭所有电源，整理好各仪器。

六、数据处理

1. 计算光纤的直接耦合率

功率计直接测量激光器发出的激光光强 p_1 为______（mW）。

激光与光纤直接耦合时功率计测出的光强强度 p_2 为______（nW）。

光与光纤的直接耦合效率（%）______。

实验操作

2. 计算光纤的间接耦合率

激光与光纤间接耦合时功率计测出的光强强度 p_3 为______（nW）。

光与光纤的间接耦合效率（%）______。

3. 光纤灵敏度数据

光纤被加热部分的长度/m		实验室用的激光的波长/nm	

表 4-6-1　升温过程数据

右移条纹数	0	3	6	9	12	15	18	21	24	27
温度示数/℃										

表 4-6-2　降温过程数据

右移条纹数	−0	−3	−6	−9	−12	−15	−18	−21	−24	−27
温度示数/℃										

4. 计算公式

（1）利用公式 $\eta=\frac{p_2}{p_1}\times100\%$，计算光与光纤的直接耦合率。

（2）利用公式 $\eta=\frac{p_3}{p_1}\times100\%$，计算光与光纤的间接耦合率。

（3）利用公式$\frac{\Delta\varphi}{\Delta T l}$，计算升温时光纤温度灵敏度。

（4）利用公式$\frac{\Delta\varphi}{\Delta T l}$，计算降温时光纤温度灵敏度。

注意事项

（1）不得随意摇动和插拔面板上元器件和芯片，以免损坏，造成实验仪不能正常工作。

（2）光纤传感器弯曲半径不得小于 3 cm，以免折断。

（3）在使用过程中，出现任何异常情况，必须立即关机断电以确保安全。

思考题

1. 温度改变 ΔT 时，条纹的移动量与哪些因素有关？
2. 能否不用分束器做实验？替代方案是什么？

小贴士

1. 光纤的基础知识

光纤的基本结构如图 4-6-3 所示，它主要包括三层(工程上有时有四层或五层，图中是四层结构)：1 纤芯；2 包层；3 起保护作用的涂敷层；4 较厚的保护层。

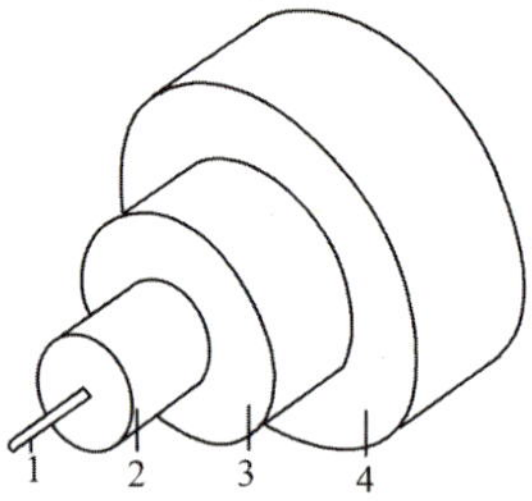

图 4-6-3　光纤剖面图

纤芯和包层的折射率分别是 n_1 和 n_2，如图 4-6-4 所示，为了使光线在光纤中传播，纤芯的折射率 n_1 必须比包层 n_2 的折射率大，这样才会产生全反射。光线 1 以 θ 角入射在光纤端面上，光线经折射后进入光纤，以 φ 角入射到纤芯和包层间的光滑界面上。只要我们选择适当的入射角 θ，总可以使 φ 角大于临界角 φ_m，φ_m 的大小由公式 $\varphi_m=\arcsin(n_2/n_1)$ 决定，使光线 1 在界面上发生全反射。全反射光线 1 又以同样的角度 φ 在对面界面上发生第二次反射。如果光纤是均匀的圆柱体，入射光线经无数次反射后从另一端以和入射角相同的角度射出(思考：该原理是否可以帮助测量数值孔径)。

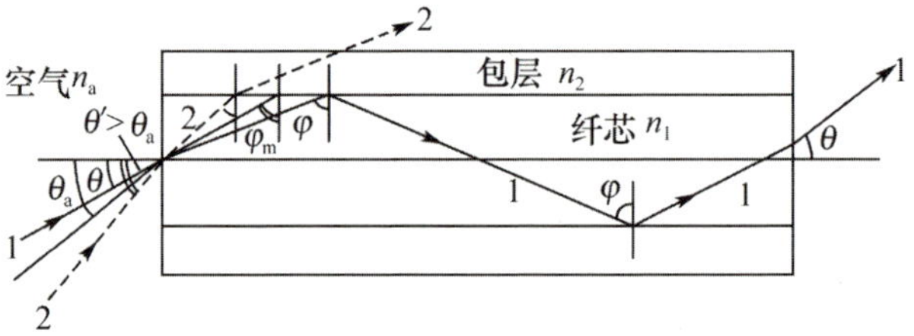

图 4-6-4　圆柱形光纤传光原理

在光纤断面上，当光线入射角小于一个定值 θ_a 时，折射光线在纤芯和包层界面上的入射角 φ 才会大于临界角 φ_m，光线才能在光纤内多次全反射而传递到另一端。在光纤端面上，入射角 $\theta'>\theta_a$ 的那些光线，折射后在界面上的入射角小于临界角 φ_m，光线将射出界面，如图中光线 2 。这个入射角 θ_a 称为光纤的孔径角，它的数值由光纤的数值孔径决定。光纤的数值孔径(NA)定义为

$$\mathrm{NA}=n_0\sin\theta_a=\sqrt{n_1^2-n_2^2} \tag{4-6-7}$$

式中：n_0 是入射光线所在介质的折射率，n_1 和 n_2 分别为光纤的纤芯和包层的折射率。由式(4-6-7)可见，纤芯和包层的折射率相差越大，θ_a 越大，光纤的数值孔径就越大。数值孔径是表示光纤集光能力的一个参量，它越大就表示光纤接收的光通量越多。

2. 光纤的耦合

光纤与光源的耦合有直接耦合和经聚光器件耦合两种。聚光器件有传统的透镜和自聚焦透镜之分。自聚焦透镜的外形为“棒”形(圆柱体),所以也称之为自聚焦棒。实际上,它是折射率分布指数为2(抛物线型)的渐变型光纤棒的一小段。

直接耦合是使光纤直接对准光源输出的光进行的“对接”耦合。这种方法的操作过程是用光纤剥线钳剥去保护层和涂敷层,清理干净光纤包层,然后用宝石刀切割,制备出平整的光纤端面;调整激光器和纤芯置的相对位置,使光纤输出端的输出光强最大,然后固定。如果光源输出光束的横截面面积大于纤芯的横截面面积,将引起较大的耦合损耗。

3. 光纤干涉仪的相位调制机制

当真空中波长为 λ_0 的光入射到长度为 l,纤芯折射率为 n 的光纤上时,其波矢为 $k_0=2\pi/\lambda_0$,相位为

$$\varphi=\frac{2\pi}{\lambda_0}nl=kl$$

其中

$$k=k_0 n$$

则出射光的相位差为

$$\Delta\varphi=\Delta(kl)=k_0 l\Delta n+k_0 n\Delta l \tag{4-6-8}$$

光纤长度和直径的变化以及折射率的变化都会引起相位调制。温度变化对相位调制的作用由式(4-6-8)有

$$\frac{\Delta\varphi}{\Delta T}=k_0\left(l\frac{\Delta n}{\Delta T}+n\frac{\Delta l}{\Delta T}\right) \tag{4-6-9}$$

及

$$\frac{\Delta\varphi}{l\Delta T}=k_0\left(\frac{\Delta n}{\Delta T}+\frac{n\Delta l}{l\Delta T}\right) \tag{4-6-10}$$

4. 光纤干涉仪的结构与测温原理

光纤干涉仪由两臂组成,一个是参考臂,提供相位基准;另一个是传感臂,用于光相位调制,对待测物理量的变化敏感。如图4-6-5所示,由氦氖激光器发出的激光经分束器分成两路,分别送入两根长度基本相同的单模光纤。将两根光纤的输出端合并到一起,在输出光斑重叠区将出现干涉光场。

测量臂光纤受到温度场作用,纤芯折射率和几何长度会有一微小变化,使沿此臂传播的光波光程发生变化,则两臂输出端光波相位差发生变化,从而引起干涉场干涉条纹的移动。显然,干涉条纹的移动数目反映出温度场温度的变化。

测量臂光波相位变化是由温度引起的,由式(4-6-10)给出了光纤干涉仪的温度灵敏度

$$\frac{\Delta\varphi}{\Delta Tl}=\frac{2\pi}{\lambda_0}\left(\frac{\Delta n}{\Delta T}+\frac{n\Delta l}{l\Delta T}\right) \tag{4-6-11}$$

或者

$$\frac{\Delta\varphi}{\varphi\Delta T}=\frac{1}{n}\frac{\Delta n}{\Delta T}+\frac{1}{l}\frac{\Delta l}{\Delta T} \tag{4-6-12}$$

式中:l 为测量臂置于温度场部分的长度,ΔT 为温度变化量,$\varphi=2\pi/\lambda_0 nl$。当温度变化

ΔT 时，干涉场中任意一点上干涉条纹的移动数目为 Δm，则相位变化量

$$\frac{\Delta\varphi}{\varphi\Delta T}=\frac{1}{n}\frac{\Delta n}{\Delta T}+\frac{1}{l}\frac{\Delta l}{\Delta T} \tag{4-6-13}$$

$$\Delta\varphi=2\pi\Delta m \tag{4-6-14}$$

当干涉仪用的单模光纤的规格已知时，光纤的温度灵敏度就是确定的值。

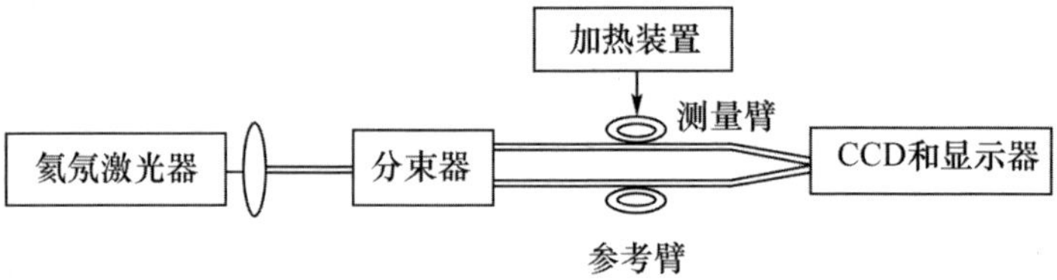

图 4-6-5　传感器原理

实验七　光电效应和普朗克常量的测定

一、实验背景

【量子理论】

量子物理学是描述如光子、电子等微观粒子运动规律的物理学理论，它包含了光电效应理论、量子态、不确定性原理等核心概念，是近代物理的重要组成部分。

【光电效应】

基于普朗克提出的“能量子”假设，爱因斯坦于 1905 年提出了光量子理论，它是指一定频率的光照射到金属，其表面逸出光电子的现象。1887 年，德国物理学家赫兹在研究电磁波规律时偶然发现这一现象，人们当时无法用经典理论对其进行解释。

【普朗克常量】

普朗克常数 h，其值约为 $6.626\,1\times10^{-34}$ J·s，这是一个非常小的数，但它的影响却极为深远。与经典物理学中的连续能量变化截然不同，在量子理论中，一个系统的能量变化必须是普朗克常数乘以频率的整数倍，即 $E=hv$，普朗克常量关联了能量与频率两个基本物理量。

普朗克常量不仅是量子力学的基础，更是整个现代物理学的重要支柱。它揭示了量子世界的深层次结构，同时也与不确定性原理紧密相连。普朗克常数的精确值为我们提供了一个认识宇宙最基本层面的窗口，它的存在不断推动着我们对于自然界的理解和探索。

【现代应用】

光电效应在现代科技中有着广泛的应用，尤其是在太阳能电池、光通信技术等领域。例如，太阳能电池是最为人熟知的光电效应应用实例。太阳能电池利用光电效应将太阳能转换为电能，为各种设备提供动力。太阳能电池的核心部件是 PN 结，当太阳光照射到 PN 结上时，光子的能量会被半导体材料吸收，使得电子从价带跃迁到导带，形成电流。太阳能电池的光电转换效率和稳定性是其性能的关键指标，随着材料科学和制造技术的进步，太阳能电池的转换效率不断提升，为太阳能利用提供了更为有效的途径。

光电效应在现代科技中的应用极为广泛，它不仅推动了能源转换、信号探测、通信传输、精密测量和智能控制等领域的发展，也为人类社会的进步做出了重大贡献。随着科技的不断进步，光电效应在未来还会有更多创新性的应用出现。

二、实验目的

(1)深刻理解爱因斯坦的光电效应理论及其基本规律。

(2)掌握利用光电管来研究光电效应的技术。

(3)通过对光电管伏安特性曲线的分析和处理，测定普朗克常数。

三、实验仪器

(1)光电管。

(2)汞灯光源。

(3)滤波片组(577.0 nm,546.1 nm,435.8 nm,404.7 nm,365 nm 滤波片,50%、25%、10%的滤光片)。

(4)光电效应测试仪。

四、实验原理(图 4-7-1、图 4-7-2)

实验原理

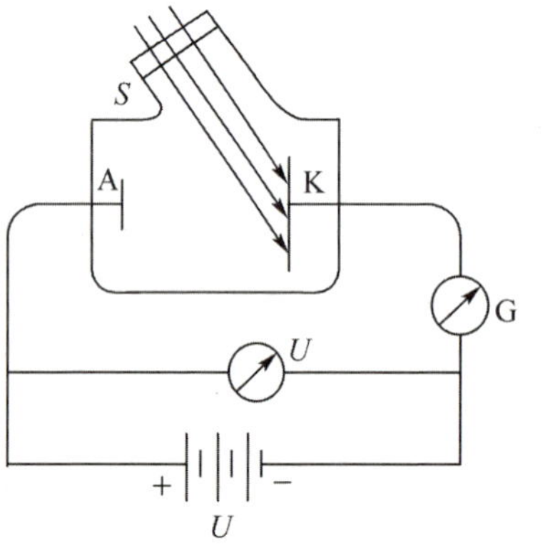

图 4-7-1　光电效应实验原理

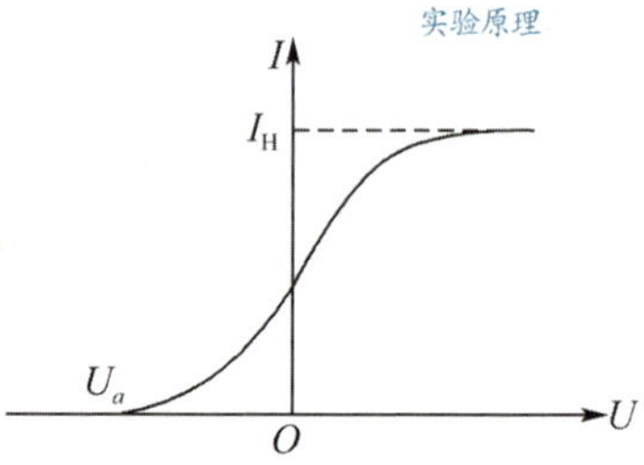

图 4-7-2　光电管的伏安特性曲线

1. 光电流与入射光强度的关系

随着加速电位差的逐步提升,光电流达到饱和值 I_H,这种饱和电流的大小与照射光的强度呈现正比关系,而并不受入射光频率的影响。实验指出,有一个遏止电位差 U_a 存在,当电位差达到这个值时,光电流为零。

2. 光电子的初动能与入射光频率之间的关系

光电子从阴极逸出时,具有初动能。在减速电压下,光电子在逆电场力方向由 K 极向 A 极运动。当 $U=U_a$ 时,光电子不再能达到 A 极,光电流为零。所以电子的初动能等于它克服电场力所做的功。即

$$\frac{1}{2}mv^2=eU_a \tag{4-7-1}$$

根据爱因斯坦关于光的本性的假设,光是一粒一粒运动着的粒子流,这些光粒子称为光子。每一光子的能量为 $\varepsilon=h\upsilon$,其中 h 为普朗克常量,υ 为光波的频率。由能量守恒定律可知

$$h\upsilon=\frac{1}{2}mv^2+A \tag{4-7-2}$$

由此可见,光电子的初动能与入射光频率 υ 呈线性关系,而与入射光的强度无关。

3. 光电效应有光电阈存在

实验指出，当光的频率 $\upsilon<\upsilon_0$ 时，不论用多强的光照射到物质都不会产生光电效应，υ_0 称为红限。

由式(4-7-1)和式(4-7-2)可得 $h\upsilon=e|U_a|+A$。由此可由 $U_a-\upsilon$ 直线的斜率求出 h。

为了获得准确的遏止电位差值，本实验用的光电管应该具备下列条件，见表 4-7-1。

表 4-7-1　可见光区汞灯强谱线

波长/nm	频率/10^{14} Hz	颜色
579.0	5.179	黄
577.0	5.198	黄
546.1	5.492	绿
435.8	6.882	蓝
404.7	7.410	紫
365.0	8.216	近紫外

五、实验步骤及内容

实验一：用光电效应原理测普朗克常量

实验操作（一）

(1)在光源上放置 365 nm 滤波片，电源输出电压调节为－3 V，调节光源与光电管间距离，使光电效应测试仪的电流显示值为－0.24 μA。

(2)在 577.0 nm、546.1 nm、435.8 nm、404.7 nm 四种频率单色光下分别测量光电管的伏安特性曲线(测量范围 0～－3 V，每改变 0.2 V 测一个点，在遏止电压附近每隔 0.1 V 测一个点，直至光电流为 0)，并根据曲线确定遏止电位差值(对应光电流为零)，计算普朗克常量 h。记录数据至表 4-7-2、表 4-7-3、表 4-7-4、表 4-7-5 中。

实验二：测光电管正向伏安特性曲线，验证饱和电流与光强关系

实验操作（二）

(1)在光电管上放置 365 nm 滤波片，电源输出电压调节为－3 V，调节光源与光电管间距离，使光电效应测试仪的电流显示值为－0.24 μA。

(2)本实验采用波长为 577.0 nm 的光源，当光电管和光源位置固定时，使用三种不同透光率的透光片 50%、25%和 10%测量光电管的正向伏安特性曲线，测量范围 0～10 V。记录数据至表 4-7-6、表 4-7-7、表 4-7-8、表 4-7-9 中。

六、数据处理

数据处理

实验一：用光电效应原理测普朗克常量

577.0 nm

表 4-7-2　光电流与对应电压值(电流、电压数据表)

测量次数	1	2	3	4	5	6	7	8
电压/V								
电流/μA								

遏止电压(单位：V)________

546.1 nm

表 4-7-3　光电流与对应电压值(电流、电压数据表)

测量次数	1	2	3	4	5	6	7	8
电压/V								
电流/μA								

遏止电压(单位:V)________

435.8 nm

表 4-7-4　光电流与对应电压值(电流、电压数据表)

测量次数	1	2	3	4	5	6	7	8
电压/V								
电流/μA								

遏止电压(单位:V)________

404.7 nm

表 4-7-5　光电流与对应电压值(电流、电压数据表)

测量次数	1	2	3	4	5	6	7	8
电压/V								
电流/μA								

遏止电压(单位:V)________

普朗克常量

普朗克常量(单位:E^{-34} J·S)________

实验二:测光电管正向伏安特性曲线,验证饱和电流与光强关系

100%透光率

表 4-7-6　光电流与对应电压值(电流、电压数据表)

测量次数	1	2	3	4	5	6
电压/V						
电流/μA						
测量次数	7	8	9	10	11	
电压/V						
电流/μA						

饱和电流值(单位:μA)____________

50%透光率

表 4-7-7　光电流与对应电压值(电流、电压数据表)

测量次数	1	2	3	4	5	6
电压/V						
电流/μA						
测量次数	7	8	9	10	11	
电压/V						
电流/μA						

饱和电流值(单位:μA)________

25%透光率

表 4-7-8　　光电流与对应电压值(电流、电压数据表)

测量次数	1	2	3	4	5	6
电压/V						
电流/μA						
测量次数	7	8	9	10	11	
电压/V						
电流/μA						

饱和电流值(单位:μA)________

10%透光率

表 4-7-9　　光电流与对应电压值(电流、电压数据表)

测量次数	1	2	3	4	5	6
电压/V						
电流/μA						
测量次数	7	8	9	10	11	
电压/V						
电流/μA						

饱和电流值(单位:μA)________

注意事项

(1)汞灯打开后,持续运行直至实验结束,不要随意关闭;

(2)在实验进行期间,应保持光源与光电管之间的距离恒定不变。

思考题

1. 光电子的能量、光电流的大小是否随光强变化?
2. 测定普朗克常量的关键是什么?
3. 若光源与光电管之间的距离发生改变,会产生什么影响?

小贴士

1. 光电效应的实验历史①

光电效应的发现可以追溯到 1887 年. 当时赫兹使用电路中火花隙研究电磁波的产生

①乔通,唐萍. 教材中引入物理学史的典范——澳大利亚教材中的《光电效应》[J]. 中学物理,2018,36(01):15—17+42.

和检测。他注意到，当紫外线照射到接收环的火花隙时，接收环会产生更强烈的火花。然而，当他在发射环和接收环之间放置一块玻璃以阻挡紫外线时，接收环产生的火花强度显著减弱。令人惊讶的是，当使用石英代替玻璃时，接收环产生的火花强度并没有下降，这表明石英不会阻碍紫外线的传播。这一系列发现不仅揭示了光电效应的存在，也为后来的研究提供了重要线索。

在阅读了赫兹关于光电效应的描述后，霍尔瓦克斯(1859—1894)设计了一项更为简洁的实验来验证这一现象。验电器首先被充入负电，此时电荷的流失速度较为缓慢。然而，一旦锌板暴露于紫外线(来源包括弧光灯或燃烧的镁)之下，电荷的流失速度会显著加快。相反，如果验电器带正电，则不会出现这种快速放电现象，如图 4-7-3 所示。

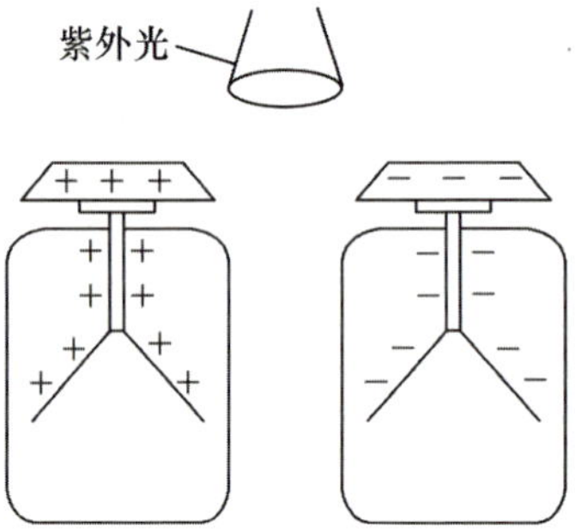

图 4-7-3　汤姆逊实验

1899 年，汤姆逊通过一系列精心设计的实验，进一步阐明了光电效应的本质。他证实，正是紫外线的照射促使电子从锌板中逸出，并且这些逸出的电子与阴极射线中的粒子具有相同的属性(这一点通过测量它们的荷质比得到了验证)。汤姆逊的实验装置改进如 4-7-3 所示，首先使用真空管将金属表面密封，然后利用紫外线对其进行照射。这一创新性的实验设计的关键在于，它明确地指出是紫外线导致了电子从金属表面的逸出，而非阴极射线管中的强电场所致。由于当时科学界已经认识到电子是原子的组成部分，因此金属表面逸出的电子可能是由振荡的电场所激发的。然而，汤姆逊的实验有效地排除了这一可能性。

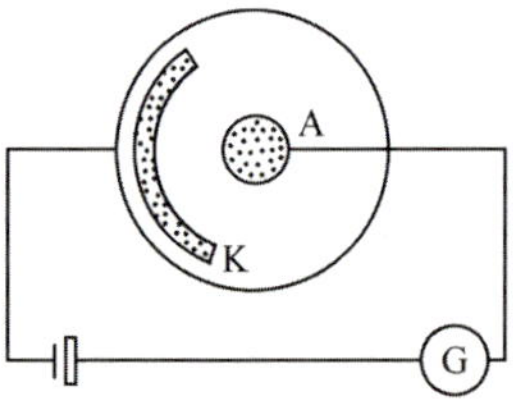

图 4-7-4　勒纳德实验

1902 年，德国物理学家菲利普·冯·勒纳德(1862—1947)对光电子能量如何随光照强度的变化进行了深入研究，如图 4-7-4 所示。在实验中，勒纳德采用碳弧灯来调节光的强度，他观察到，当光照射到金属阴极时，光电子会被释放出来并最终到达收集器。每当一个电子撞击收集器时，都会产生一个微小的、可测量的电流。为了精确测量电子的逸出能量，勒纳德使收集器带负电，以此排斥电子。这样只有那些获得了足够能量以克服这一势垒的电子才能到达收集器。值得注意的是，勒纳德发现有一个最小电压，即截止电压，如图 4-7-5 所示。

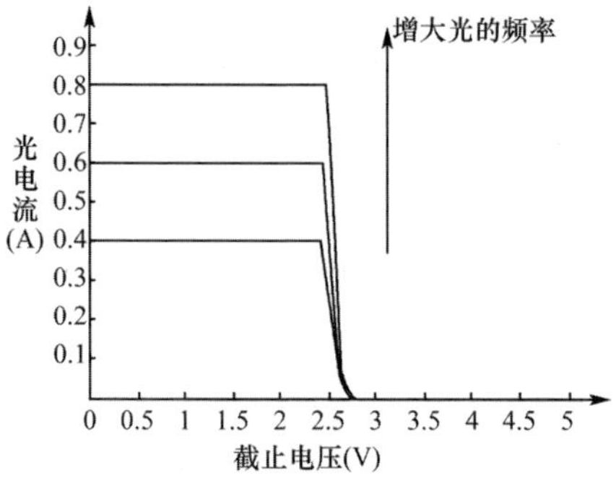

图 4-7-5　光电流与电压曲线

勒纳德还探究了不同频率的电磁辐射对光电子发射的具体影响。他的发现颇具意义：当光的强度翻倍时，从金属表面发射出的电子数量也相应地增大一倍。

光电子的动能不随光照强度增加而增大。

电子的最大动能取决于照射金属的光的频率，如图 4-7-6 所示。

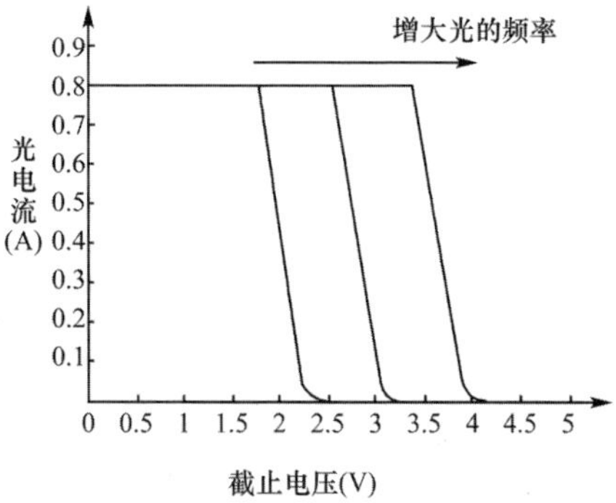

图 4-7-6　截止电压与光电流的关系

二、实验室常用光源类型

白炽灯：传统的光源，提供连续光谱，适合一般照明和简单观察用途。

汞灯：发出特定波长的紫外线和可见光，适用于需要特定光谱线的实验，如光谱分析。

钠光灯：发出黄橙色光，具有较高的色温，适用于需要高亮度照明的场合。

氦氖激光器：提供单色、相干的光束，广泛应用于精密测量和光学实验。

LED 光源：具有长寿命、低能耗和良好的色彩表现，适用于需要特定颜色温度或亮度控制的实验。

氙弧灯:模拟日光的光谱,用于光照老化测试和植物生长实验。

卤钨灯:提供高光照强度和接近白昼的光谱,适用于摄影和电影制作等需要高质量照明的场合。

金属卤化物灯:结合了金属蒸气和卤化物蒸气的优点,提供高光照效率和良好的色彩还原性,适用于照明和光谱分析。